# Adobe
# Flash CS5
# 动画设计与制作
## 技能实训教程

张 梅/编著

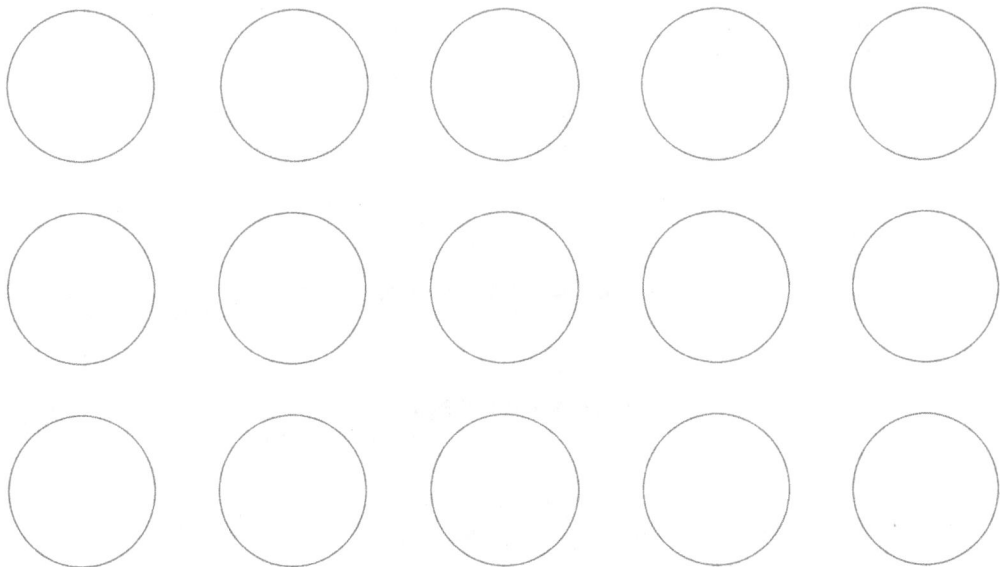

科学出版社

北京

# 内 容 简 介

本书从实际应用的角度出发，根据 Flash 动画制作由初级到高级应用归纳出 11 个实训模块，并参考实际岗位需求，按照动画制作过程构建任务，以完成工作任务为主线，由浅入深、循序渐进地讲解 Flash CS5 动画制作的基本原理和相关职业技能。

全书共分为 11 个模块，每一个模块都由与之相关的模拟制作任务和独立实践任务组成，内容涵盖 Flash 动画设计与制作的相关知识和应用，主要包括初识 Flash CS5、绘制图形、着色和编辑图形、特殊效果的文本、制作逐帧动画、制作补间动画、制作引导线动画、制作遮罩动画、制作简单交互动画、多媒体与组件的应用和好用的动画周边软件。

本教材侧重于综合职业能力与职业素养的培养，融"教、学、做"为一体，并提供多媒体光盘（1CD），主要包含书中任务的素材和源文件，与书中内容同步的教学视频（25 个实训精讲，150分钟）等内容。为方便教学，还为用书教师提供教学资源包：与书中内容同步的电子课件、教学案例和试卷，用书教师请打开网址www.ecsponline.com，找到本书，在"资源栏"处下载。

本书适合作为各大院校和培训学校动画相关专业的教材；另外，由于实例多且具有代表性，是 Flash 动画制作方面不可多得的参考资料，因此也可供相关从业人员与学员参考。

## 图书在版编目（CIP）数据

Adobe Flash CS5 动画设计与制作技能实训教程/张梅编著.
—北京：科学出版社，2013.1

ISBN 978-7-03-036284-1

Ⅰ．①A… Ⅱ．①张… Ⅲ．①动画制作软件—教材
Ⅳ．①TP391.41

中国版本图书馆 CIP 数据核字（2012）第 309146 号

责任编辑：周晓娟　桂君莉　吴俊华 / 责任校对：杨慧芳
责任印刷：张　伟　　　　　　　　 / 封面设计：彭　彭

科学出版社 出版
北京东黄城根北街 16 号
邮政编码：100717
http://www.sciencep.com

北京虎彩文化传播有限公司 印刷
中国科技出版传媒股份有限公司新世纪书局发行　　各地新华书店经销
*
2013 年 1 月第　一　版　　　开本：787×1092　1/16
2018 年 8 月第二次印刷　　　印张：13 3/4
字数：334 000

定价：35.00元
（如有印装质量问题，我社负责调换）

# 序 FOREWORD

Adobe公司作为全球最大的软件公司之一，自创建以来，从参与发起桌面出版革命，到提供主流创意软件工具，以其革命性的产品和技术，不断变革和改善着人们思想及交流的方式。今天，无论是在报刊、杂志、广告中看到的，还是从电影、电视及其他数字设备中体验到的，几乎所有的图像背后均打着Adobe软件的烙印。

不仅如此，Adobe主张的富媒体互联网应用（Rich Internet Applications，RIA）——以Flash、Flex等产品技术为代表，强调信息丰富的展现方式和用户多维的体验经历——已经成为这个网络信息时代的主旋律。随着像Photoshop、Flash等技术不断从专业应用领域"飞入寻常百姓家"，我们的世界将会更加精彩。

"Adobe创意大学计划"是Adobe公司联合行业专家、行业协会、教育专家、一线教师、Adobe技术专家，面向国内动漫、平面设计、出版印刷、eLearning、网站制作、影视后期、RIA开发及其相关行业，针对专业院校、培训机构和创意产业园区创意类人才的培养，以及中小学、网络学院、师范类院校师资力量的建设，基于Adobe核心技术，为中国创意产业生态全面升级和教育行业师资水平与技术水平的全面强化而联合打造的全新教育计划。启动以来，Adobe公司与国内教育合作伙伴一起，成功地推进了Adobe软件技术在中国各个行业的技术普及，并为整个社会培养了大量的数字艺术人才。

近年来，随着中国经济的不断发展，社会对人才的需求数量越来越多，对人才需求的水平也越来越高。国家也调整了教育结构，更加强调职业教育的地位，更加强调学生的实际工作能力的培养，并提出了"以就业为核心"、"以企业的需求为导向"是职业教育的根本出发点的基本思路。全国各级院校也在教育部的指导下，正在全面开展教育模式的改革，因此对教材也提出了新的要求。

为了满足新形势下的教育需求，我们组织了由Adobe技术专家、资深教师、一线设计师以及出版社教材策划人员共同组成的教育专家组负责新模式教材的开发工作。教育专家组做了大量调研工作，走访了全国几十所高校，在充分了解企业对招聘人才的核心要求与院校教育的实际特点的基础上，最终形成了一套完整的实训教育思路，并据此开发了"技能实训教程"和"技能基础教程"系列。本系列教材重在系统讲解由"软件技术、专业知识与工作流程"组成的三维知识体系，以帮助学生在掌握软件技能的同时，掌握一线工作需要的实际工作技能，达到企业招聘员工要求的就业水平。

我们希望通过Adobe公司和"Adobe创意大学计划"的努力，不断提供更多更好的技术产品和教育产品，在推广Adobe软件技术的同时，也推行全新的教育理念，在教育改革中与大家一路同行，共同汇入创意中国腾飞的时代强音之中。

Adobe创意大学管理中心

中联华阳（北京）教育科技有限公司 CEO

项 阳

# 前言 PREFACE

在2010年初，我们推出"职业设计师岗位技能实训教育方案指定教材"系列丛书的第1版时，就赢得了广大师生的好评。近三年来，我们积累了大量的课堂建议，我们更有信心地迎来了第2版。

Flash动画因其容量小、交互性强、速度快等特点，在多媒体应用和互联网方向都得到广泛的传播和推广。在工业应用中，Flash动画制作岗位的工作内容主要有Flash动画游戏、Flash动漫、Flash网页/网站制作、Flash网络广告、Flash手机游戏和影片制作。

本书从实际应用的角度出发，始终围绕"工作过程"这个中心，强调Flash软件在动画制作方面的功能，并辅以大量任务实例，重点培养学生解决实际工作中所遇到问题的能力和完成"动画设计与制作"职业技能。

全书根据Flash动画制作由初级到高级应用归纳出11个实训模块，并参考实际岗位需求，按照动画制作过程构建任务，以完成工作任务为主线，由浅入深、循序渐进地讲解Flash CS5动画制作的基本原理和相关职业技能。每一个模块都由与之相关的模拟制作任务和独立实践任务组成，内容涵盖Flash动画设计与制作的相关知识和应用，主要包括初识Flash CS5、绘制图形、着色和编辑图形、特殊效果的文本、制作逐帧动画、制作补间动画、制作引导线动画、制作遮罩动画、制作简单交互动画、多媒体与组件的应用和好用的动画周边软件。

为提高学习效率，巩固学习效果，本书提供了多媒教学，主要包含书中任务的素材和源文件，与书中内容同步的教学视频等内容。为方便教学，还为用书教师提供教学资源包：与书中内容同步的电子课件、教学案例和试卷，用书教师请打开网址www.ecsponline.com，找到本书，在"资源栏"处下载。

本书侧重于综合职业能力与职业素养的培养，融"教、学、做"为一体，为尽可能适应以"能力"为本的教学模式，以"任务"为驱动，激发学生的兴趣，提高课堂积极性，引导学生自主完成学习，适合作为各大院校和培训学校动画相关专业的教材；另外，由于实例多且具有代表性，是Flash动画制作方面不可多得的参考资料，因此也可供相关从业人员与学员参考。

由于水平有限，书中疏漏或不妥之处在所难免，恳求读者批评、指正。对本书的意见请发送E-mail至l-v2008@163.com反馈给编者，在此表示感谢。

编　者
2012年12月

# CONTENTS 目录

**模 块**

**05**

**制作逐帧动画** ···························· **68**

## 模 块 08

## 制作遮罩动画 ……………… 123

**模块 09**

**制作简单交互动画** ·················· **142**

## 模 块 10

**多媒体与组件的应用** ·············· **169**

## 模块 11

### 好用的动画周边软件 ·············· 195

## 模块 01

# 初识Flash CS5

本模块将介绍Flash CS5软件的工作环境、Flash CS5的常用面板及其操作，以及Flash文档的基本操作方法。

## 能力目标

通过本模块的学习，熟悉Flash CS5工作环境和工作面板，掌握Flash CS5的基本操作。

1. 能够正确启动和关闭Flash CS5软件
2. 能够进行新建和保存等常规操作

## 专业知识目标

1. 了解Flash动画的特点和应用领域
2. 熟悉Flash工作界面以及主要和常用面板
3. 熟悉如何创建新文档
4. 了解Flash面板的布局和操作

## 课时安排

6课时（讲授4课时；实践2课时）

## 任务参考效果图

# 知识储备

## 知识一 ▶ 认识Flash CS5动画及作品欣赏

Flash CS5是Adobe公司推出的一款经典动画制作软件，其操作简单、制作出的动画效果流畅并兼有画面多样化的风格。作为当前最流行的动画制作软件，Flash CS5必定有其独特的技术优势，了解这些知识对今后的学习和动画制作有很大帮助。

Flash动画因其容量小、交互性强、速度快等特点，在互联网中得到广泛的传播和推广。在互联网中随处可见使用Flash制作的网站、各类艺术影片、广告、导航工具条，同时Flash还被广泛应用于手机领域。目前，Flash动画主要应用在以下几个方面，如图1-1所示。

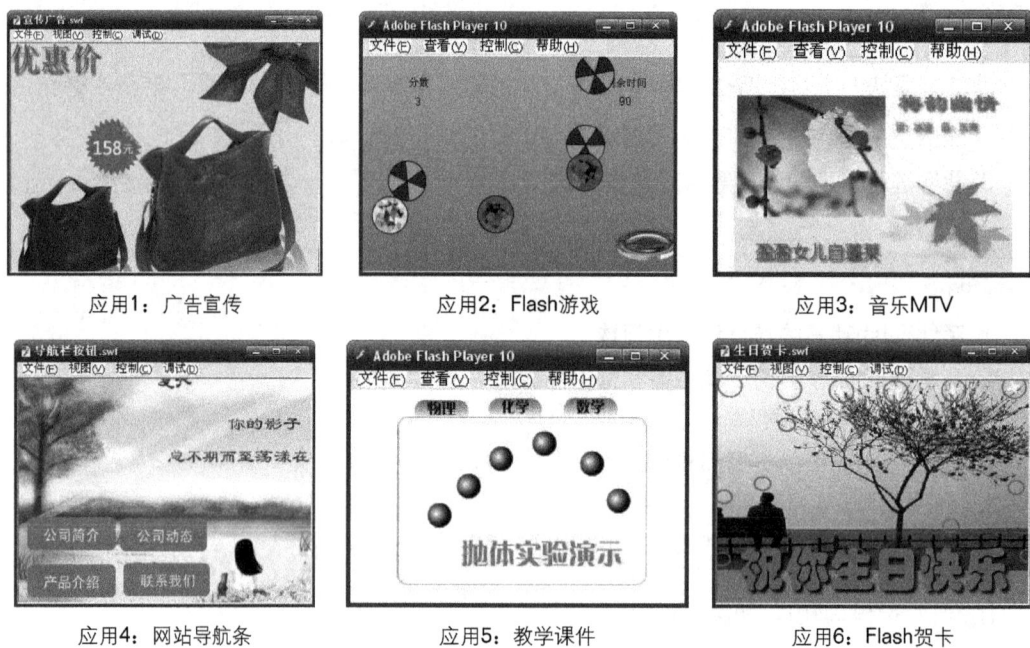

应用1：广告宣传　　　　　应用2：Flash游戏　　　　　应用3：音乐MTV

应用4：网站导航条　　　　　应用5：教学课件　　　　　应用6：Flash贺卡

图1-1 Flash动画应用范围

- 应用1：广告宣传动画是Flash应用最广泛的一个领域。由于在新版Windows操作系统中已经预装了Flash插件，使得Flash在这个领域的发展非常迅速，已经成为大型门户网站广告动画的主要形式。
- 应用2：Flash动画软件支持动画、声音及交互功能，具有强大的多媒体编辑功能，可以制作简单、有趣的中小型Flash游戏。
- 应用3：自从有了Flash，在网站上实现MTV效果就成为了可能。由于Flash支持MP3音频，而且能边下载、边播放，大大节省了下载的时间和所占用的带宽，因此迅速在网上火爆起来。
- 应用4：由于Flash能够响应鼠标单击、双击等事件，因此很多网站利用这一特点制作出具有独特风格的导航条。
- 应用5：Flash是一款完美的教学课件开发软件——它操作简单、输出文件体积小，而且交互性很强，非常有利于教学的互动。因此，利用Flash课件能够很好地表达教学内容，增强学生的学习兴趣，现在越来越多地被应用到教学工作中。
- 应用6：与过去单一文字或图像的静态贺卡相比，Flash制作的贺卡互动性强、表现形式多样、文件体积小，因此，这种Flash贺卡一直受到用户的喜爱。

## 知识二 了解Flash CS5动画的特点

Flash CS5是以流式技术和矢量图技术为核心的动画制作软件，制作出的动画具有短小精悍的特点，因此备受广大用户的青睐。与其他动画软件制作出的动画相比，Flash CS5动画具有以下特点。

### 1．支持矢量格式

与其他动画软件不同的是，Flash CS5支持矢量图形格式，同时也支持位图图形格式，并能对导入的位图图像进行优化以减小动画文件的容量，或者直接将位图图像转换为矢量图形，这样既保持了位图图像的细腻和精美，又具有矢量图形的精确和灵活。计算机对图像处理方式分为两种——位图图像和矢量图形。

- 位图图像：使用像素来表现图像，这种图像与分辨率有关，如果对位图图像进行缩放操作，就会丢失位图图像中的细节，呈现出锯齿状，如图1-2（左图）所示。
- 矢量图形：根据图像的几何特性描绘图像，它与分辨率无关。矢量图形的一个重要特点就是创建的图像及动画不管放大多少倍，都不会产生失真现象，如图1-2（右图）所示，有利于在网络上进行传播。

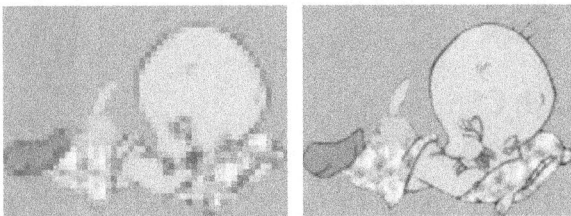

图1-2 位图和矢量图

### 2．支持流式下载

GIF、AVI等传统动画文件必须在文件全部下载后才能开始播放，因此需要等待很长时间，而Flash支持流式下载。Flash动画放在互联网上供人们下载，由于制作使用的是矢量图技术，而动画具有文件小、传输速率快、播放采用流式技术等特点，因此下载动画时可以一边下载、一边播放，大大节省了时间，这也是Flash动画能够在互联网上广泛传播的一个主要原因。

### 3．交互性强

Flash动画最大的特点就是具备强大的交互控制功能，因为它内置的ActionScript脚本运行机制可以让用户添加任何复杂的程序。设计者可以在动画中加入滚动条、复选框、下拉菜单等各种交互组件，使用户可以通过鼠标单击、选择等动作或输入文字来决定动画的运行过程和结果，这点是传统动画所不能比拟的。如图1-3所示为鼠标单击浏览相册的Flash动画。

图1-3 鼠标单击浏览相册

### 4．支持导入音频和视频文件

Flash支持多种格式的声音文件导入，比如.wav、.wma、.swa、.mp3等格式。其中.mp3是一种压缩性能比较高的音频格式，不仅能保证在Flash中添加的声音文件有很好的音质、很好地还原声音，而且能保证文件具有很小的体积。

Flash还提供了功能强大的视频导入功能，可以让用户的Flash应用程序界面更加丰富多彩。

### 5．图形动画文件格式转换工具

Flash CS5是一款优秀的图形动画文件格式转换工具，不仅可以输出.swf动画格式，还可以将动画以.gif、.jpg、.avi、.mov、.mav等文件格式进行输出。

### 6．播放插件小，得到各种平台的广泛支持

Flash CS5的播放插件很小，很容易下载安装，目前包括IE浏览器在内的大多数浏览器都对Flash插件有着很好的支持，用户可以方便地通过网络免费安装和升级Flash的插件。

### 7．制作成本低，且普及性强

Flash动画的制作成本低、效率高，从而使得制作的动画在减少了大量人力和物力资源消耗的同时，也极大地缩短了制作时间。Flash CS5简单易学，没有高深的动画技术，也可以制作出令人满意的动画。

## 知识三 ▶熟悉Flash CS5的运行环境

在应用Flash CS5之前，我们应该先对Flash软件有一个基本的了解，掌握Flash软件基本的操作规范。

### 1．启动运行Flash CS5

Flash CS5安装完成后，该软件即可使用。启动Flash CS5有多种方法，主要介绍以下两种。

**方法1**：双击计算机桌面上的Flash CS5快捷方式图标，即可启动Flash CS5。程序启动后，将弹出一个引导界面，如图1-4所示。在引导界面中选择"从模板创建"项目、"打开最近的项目"、"新建"项目、"扩展"等项目，即可创建一个Flash文档。

图1-4 引导界面

**方法2**：选择"开始">"所有程序">Adobe Design Premium CS5>Adobe Flash Professional CS5命令，启动Flash CS5。

提 示

打开一个Flash CS5动画文档，也可启动Flash CS5。

### 2．关闭Flash CS5

动画制作完成后，需要关闭Flash CS5。关闭Flash CS5的方法主要有以下3种。

**方法1**：选择"文件">"退出"命令，关闭Flash CS5。

**方法2**：按Ctrl+Q快捷键，关闭Flash CS5。

**方法3**：单击Flash CS5操作界面右上角的☒按钮，关闭Flash CS5。

### 3．Flash CS5的工作界面

在引导界面中选择ActionScript 3.0或选择ActionScript 2.0选项，进入Flash CS5默认的工作界面。Flash CS5默认的工作界面是由菜单栏、标题栏和编辑栏、工作区域及舞台、"时间轴"面板、"工具"面板、其他各面板等部分所组成的，如图1-5所示。

图1-5 Flash CS5默认的工作界面

（1）菜单栏

菜单栏是由Flash CS5的命令菜单、工作区布局按钮和关键字搜索框等组成，如图1-6所示。

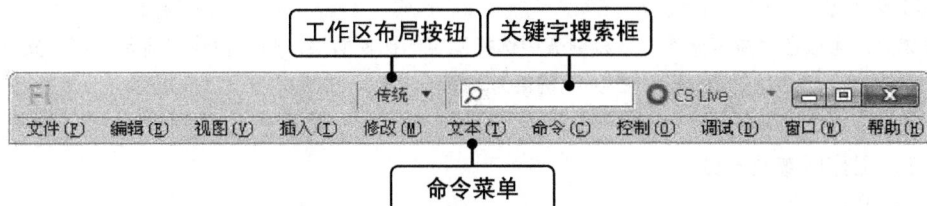

图1-6 菜单栏

（a）命令菜单

命令菜单中汇集了创作动画的大部分操作命令。单击某个菜单项，即可弹出其子菜单，这些菜单命令都相应地设置了快捷键，以加快Flash动画的创建速度。

（b）工作区布局按钮

工作区布局按钮是用于设置Flash CS5工作界面布局的。单击该按钮，即可弹出工作区布局菜单。在此菜单中包括了7种默认的布局方式与自定义布局方式，默认的布局方式分别为"动画"、"传统"、"调试"、"设计人员"、"开发人员"、"基本功能"和"小屏幕"。

（c）关键字搜索框

关键字搜索功能是一条为用户提供快速查询帮助信息的通道。当需要查找某个帮助内容时，直接在文本框中输入相关帮助信息的关键字，按Enter键，即可通过在线帮助找到自己所需的帮助信息。

**（2）标题栏和编辑栏**

（a）标题栏

标题栏用于显示Flash CS5中打开文档的名称，如果打开多个文档，则当前编辑的文档名称在标题栏中将以高亮显示，如图1-7（上部分）所示。如果需要编辑哪个文档，只要在该文档的名称上单击，即可切换到此文档的编辑窗口中。

（b）编辑栏

编辑栏用于控制场景和元件编辑窗口的切换、场景与场景、元件与元件之间的切换，如图1-7（下部分）所示。

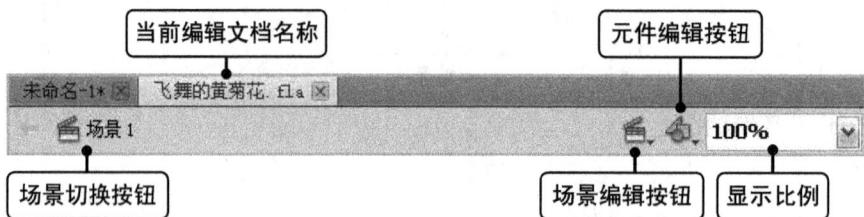

图1-7 标题栏和编辑栏

其中，单击右侧的"显示比例"下拉按钮，从弹出的下拉列表中设置舞台窗口的显示比例，如图1-8所示。

- 符合窗口大小：用来自动调节到最合适的场景工作区比例大小。
- 显示帧：用来显示当前帧的内容。
- 显示全部：用来显示整个工作区中包括场景在内的所有元素。
- 25%~800%：以不同的比例显示舞台窗口。

图1-8 "显示比例"下拉列表

> **提 示**
>
> 编辑时，可以在"显示比例"下拉列表中选择固定的比例数值，也可以在"显示比例"文本框中设置比例数值，最小比例值为8%，最大比例值为2000%。

**（3）工作区域及舞台**

（a）工作区域

工作区域包括舞台和舞台周围的灰色区域，如图1-9所示。该区域是制作动画的区域，用户可以将动画素材放置在工作区域的任何位置，但只有白色区域（舞台）是动画实际显示的区域，而舞台之外的灰色区域，在播放动画时则不会被显示。

（b）舞台

　　舞台是指Flash中心的白色区域（此时舞台背景是白色，也可以根据用户的需求随时进行更改），是用户对动画中的对象进行编辑、修改的场所，也是最终导出影片的实际显示区域。放置在舞台中的内容，可以包括图片、媒体文件、按钮等。

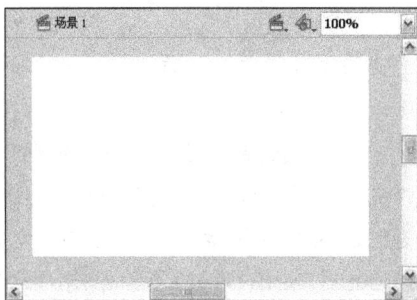

图1-9 Flash的工作区域

（4）主工具栏

　　在编辑动画时，还有一个常用到的工具栏就是主工具栏，它集中了平时使用最多的工具按钮，如图1-10所示。该工具栏平时是隐藏的，选择"窗口" > "工具栏" > "主工具栏"命令，即可将该工具栏打开。

图1-10 主工具栏

- 文档常规操作：其中包括了新建、打开、保存、剪切、复制等按钮。
- 贴紧至对象 ：单击该按钮，可以使选中的对象自动进行对齐操作。
- 平滑 ：单击该按钮，可以对选中的线条进行平滑操作。
- 伸直 ：单击该按钮，可以对选中的线条进行伸直操作。
- 旋转与倾斜 ：单击该按钮，可以对选中对象进行任意角度的旋转。
- 缩放 ：单击该按钮，可以对选中对象进行任意大小变换。
- 对齐 ：单击该按钮，可以打开"对齐"面板。在该面板中可以设置舞台对象相对于舞台对齐或相对于另一个对象对齐。

## 知识四 ▶ 掌握Flash文档的操作

### 1. 新建Flash文档

　　创建Flash动画文件有两种方法，可以新建空白的动画文档，也可以新建模板文档。在创建好文档后，可以设置文档的属性。文档创建完成后，可以保存并进行文档预览。

#### （1）使用菜单命令创建文档

　　（a）选择"文件" > "新建"命令，打开"新建文档"对话框，如图1-11所示。

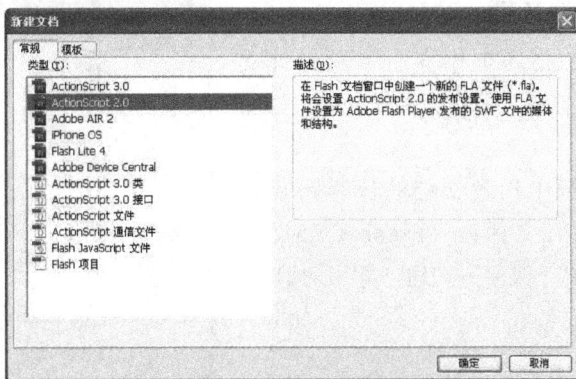

图1-11 "新建文档"对话框

（b）单击"常规"标签，在"类型"列表框中选择要创建文档的类型，单击"确定"按钮，即可创建一个名为"未命名-1"的空白Flash文档。

（c）选择"修改">"文档"命令，打开"文档设置"对话框。在该对话框中修改舞台尺寸为550×400（像素）、背景颜色为白色、帧频为12.00f/s，如图1-12所示，单击"设为默认值"按钮，将当前文档的该属性设置为默认值。

图1-12 "文档设置"对话框

### （2）使用模板创建文档

（a）在"新建文档"对话框中单击"模板"标签，即可打开"从模板新建"对话框，如图1-13所示。

图1-13 "从模板新建"对话框

（b）在"类别"列表框中选择模板类型，然后在"模板"列表框中选择所需的模板样式，单击"确定"按钮，即可创建一个新文档，且该新文档已被应用了所选择的模板样式。

> **提 示**
>
> 在主工具栏中单击"新建"按钮，也可以打开一个新的Flash文档。如果在Flash中同时打开了多个文档，用户可以通过单击文档标签方式在多个文档中进行切换。默认情况下，各文档的标签是按照创建的先后顺序排列的，各文档的标签顺序是不可通过拖动进行更改的。

## 2．保存Flash源文档

（1）在Flash CS5的工作界面中选择"文件">"保存"命令，打开"另存为"对话框，如图1-14所示。

（2）在该对话框中设置文档的保存路径、文档名称，并选择保存文件为"Flash CS5文档（*.fla）"类型，单击"保存"按钮，即可对Flash源文件进行保存。

图1-14 "另存为"对话框

**提 示**

Flash源文件的扩展名为.fla，文件的图标为 🗒️，它是一个可编辑文件；除了源文件以外，Flash还可以输出一种类型的文件，就是Flash输出文件。

# 模拟制作任务

## 任务一 ▶ 我的第一个Flash动画文件

### ◈ 任务背景

创建Flash文档是制作动画最基础的步骤，而对文档的属性设置又是制作动画的基础任务之一。目前，某音乐网站为轻音乐板块进行节目宣传，宣传效果如图1-15所示。

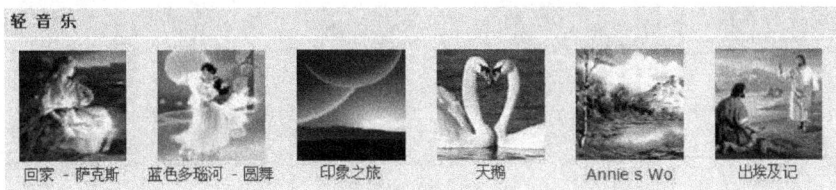

图1-15 板块效果图

### ◈ 任务要求

打开在知识四中创建的Flash文档，以网站制作"轻音乐板块宣传图"为基础，制作一个宣传板块，文档尺寸为776×168（像素）。

### ◈ 任务分析

创建一个新的文档是动画设计的必要步骤。创建文档时主要注意两点：一是选择文档的类型；二是根据板块图的尺寸来确定文档的"属性"（也就是文档的尺寸、背景颜色等）。

**注 意**

当文档设置完成后，按Ctrl+S组合键对文档进行保存操作，以防止突然死机、断电、电脑故障等意外情况造成的文档丢失。

### ◈ 重点、难点

① 文档类型的选择。
② 文档尺寸的设置。
③ 导入图片。
④ 保存源文件和输出文件。
⑤ 认识源文件和输出文件的图标。

【技术要领】Ctrl+N组合键（新建）；Ctrl+J组合键（修改文档属性）；Ctrl+S组合键（保存动画）；Ctrl+Shift+S组合键。

【解决问题】学会简单的文档创建和设置，养成良好的工作习惯。

【素材来源】光盘\素材与源文件\模块01\任务1\我的第一个Flash文件.swf、图片1～图片3.jpg。

## 操作步骤详解

### 打开文档

Step **01** 打开在知识四中创建的空白文档。

Step **02** 按Ctrl+J组合键（或选择"修改">"文档"命令），打开"文档设置"对话框。在该对话框中将舞台尺寸修改为776×168（像素），设置背景颜色为蓝色、帧频为12.00f/s，如图1-16所示。

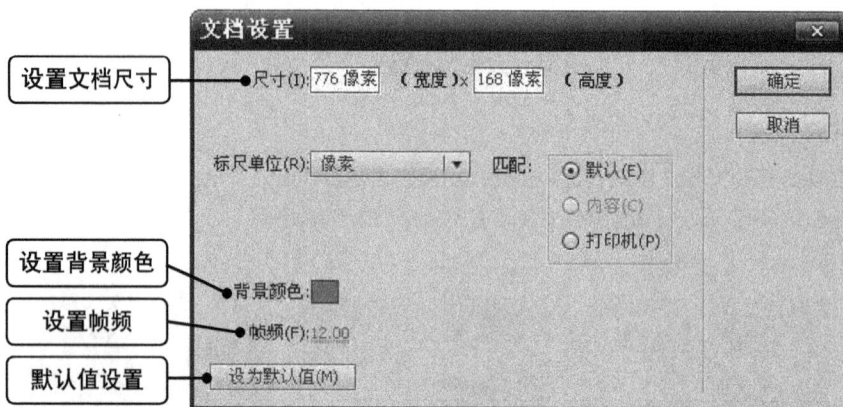

图1-16 修改文档大小

> **提 示**
>
> 如果此时单击"设为默认值"按钮，则该文档的属性将被设置为默认属性。

Step **03** 单击"确定"按钮，舞台效果如图1-17所示。

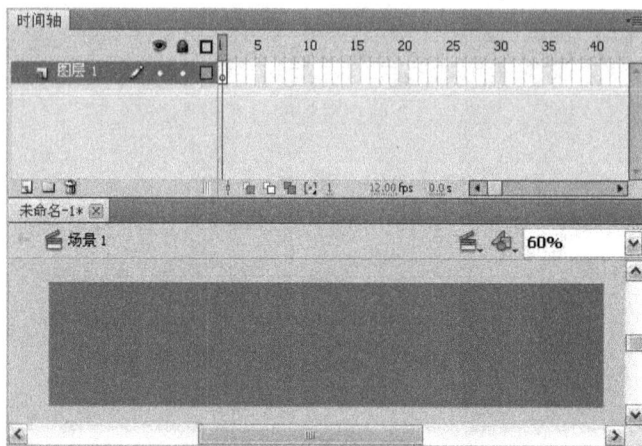

图1-17 设置完成后的舞台效果

### 导入图片

Step **04** 选择"文件">"导入">"导入到舞台"命令，弹出"导入"对话框，如图1-18所示，选择路径，由配套光盘中的"\素材与源文件\模块01\任务1"文件夹下导入名为"图片1"的图片，此时将弹出提示对话框，如图1-19所示。

图1-18 "导入"对话框

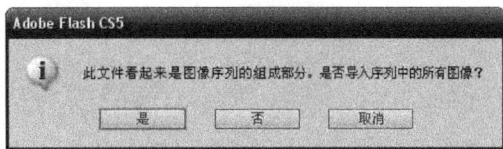

图1-19 提示对话框

**Step 05** 单击"是"按钮，将图像序列中的所有图片导入到舞台中，并分散放在连续的帧中，分别选中3个帧中的图片，选择"窗口">"对齐"命令，打开"对齐"面板。在该面板中勾选"与舞台对齐"复选框后，再选中"水平中齐"和"垂直居中分布"两个按钮，使图片相对于舞台居中对齐，如图1-20所示。此时舞台如图1-21所示。

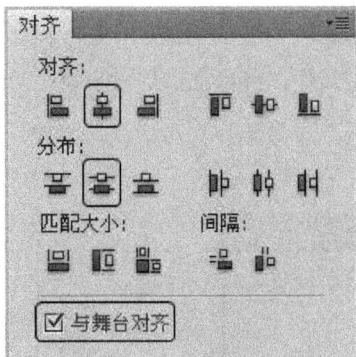

图1-20 "对齐"面板

图1-21 导入的图片

**提 示**

为了方便起见，在选择舞台对象的前提下，单击"对齐"面板中的"水平中齐"和"垂直居中分布"按钮，称为"相对于舞台居中对齐"，在后续内容中不再赘述。

## 保存文件

**Step 06** 选择"文件">"另存为"命令，在弹出的"另存为"对话框中选择保存文档的路径，选择保存的文件为"Flash CS5文档（*.fla）"类型，为文件命名为"我的第一个Flash文件"，如图1-22所示。

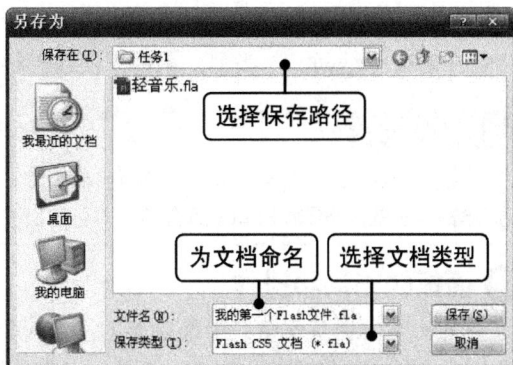

图1-22 "另存为"对话框

**Step 07** 单击"保存"按钮，将源文件保存到所选的目的文件夹中。按Ctrl+Enter组合键，测试动画文件的效果。

**Step 08** 打开保存源文件的文件夹，在文件夹中有两个文件，一个是扩展名为.fla的源文件，另一个是扩展名为.swf的动画输出文件，如图1-23所示。

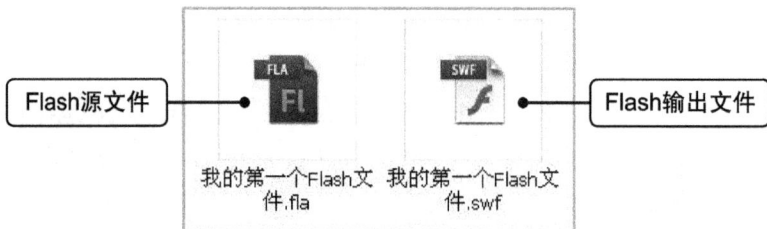

图1-23 源文件和输出文件

# 知识点拓展

## ❶ 保存Flash输出文档

当动画编辑或修改结束后，要对文档进行输出。输出后的文件，可以上传到网络中。

（1）选择"文件">"导出">"导出影片"命令，弹出"导出影片"对话框，如图1-24所示。

图1-24 "导出影片"对话框

（2）在该对话框中，设置要导出文件的保存路径，为输出文件命名，选择保存文件为"SWF影片（*.swf）"类型，单击"保存"按钮即可。

> **提 示**
>
> 输出文件的扩展名为.swf，文件的图标为 ，输出文件是不可进行再编辑的。另外，输出文件最简单的方法就是按Ctrl+Enter组合键，即可输出并浏览动画效果。

## ❷ 面板的布局和操作

面板是Flash工作窗口中最重要的操作对象。在Flash CS5中包含了多个面板，它们大多数集中在"窗口"菜单中，熟悉面板的布局和操作方法是非常必要的。

### （1）面板的布局

如果面板被打乱，用户可以通过选择命令将面板恢复到原来的状态，还可以通过命令保存自己设置好的面板布局。

- 恢复原来的面板状态：选择"窗口" > "工作区" > "重置xx"命令即可。
- 保存"当前"面板布局：选择"窗口" > "工作区" > "新建工作区"命令，在弹出的"新建工作区"对话框中输入布局的名称，单击"确定"按钮即可。
- 删除保存的面板布局：选择"窗口" > "工作区" > "管理工作区"命令，在弹出的"管理工作区"对话框中选中要删除的方案，单击"确定"按钮即可。

### （2）面板的操作

- 打开面板：可以通过选择"窗口"菜单中的相应命令打开指定面板。
- 关闭面板：用鼠标右键单击面板的标题栏，在弹出的快捷菜单中选择"关闭面板"命令即可。
- 折叠面板：用鼠标右键单击面板的标题栏，在弹出的快捷菜单中选择"折叠为图标"命令，即可将面板显示为图标状态，如图1-25所示。
- 移动面板：通过拖动标题栏移动面板位置，将固定面板转换为浮动面板。
- 重组面板：用鼠标左键按住面板的标题栏，将其拖到其他面板的标题栏，当出现蓝色边框时，松开鼠标左键即可，如图1-26所示。

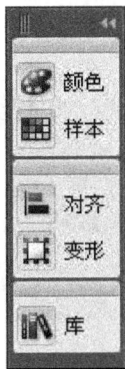

图1-25 折叠面板

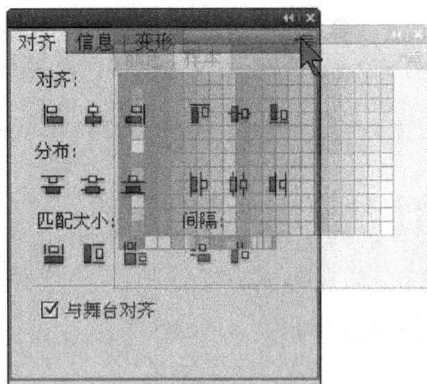

图1-26 重组面板

- 隐藏/显示面板：当众多的面板给制作动画带来不便时，可以将所有的面板隐藏起来。选择"窗口" > "隐藏面板"命令，工作界面的所有面板都会被隐藏起来；选择"窗口" > "显示面板"命令，即可将被隐藏的面板显示出来。

# 独立实践任务

## 任务二 ▶ 创建音乐网站标志动画

### 📎 任务背景

为某音乐网站设计、制作一个放网站标志图片的动画，该动画的尺寸为960×90（像素），并导入一张尺寸相符的图片，图片动画区如图1-27所示。

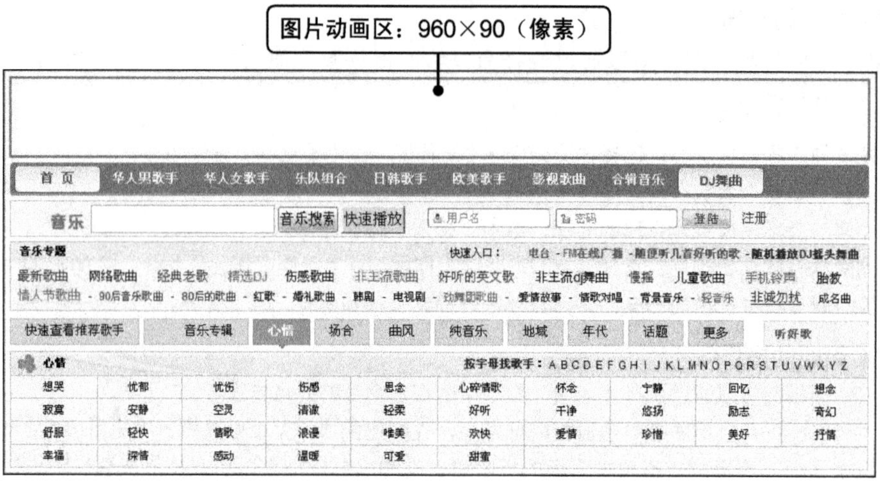

图片动画区：960×90（像素）

图1-27 某音乐网站

### 🔖 任务要求

① 文档尺寸为960（宽）×90（高）。

② 可任意修改文档的其他属性，如背景颜色等。

③ 任意导入尺寸相符的图片一张，并使图片相对于舞台居中对齐。

④ 为文档命名为"音乐网站.fla"，并保存文档。

【技术要领】Ctrl+N组合键（新建）；Ctrl+J组合键（修改文档属性）；Ctrl+R组合键（导入到舞台）；Ctrl+S组合键（保存文档）。

【解决问题】网页中的素材尺寸设置。

【素材来源】光盘\素材与源文件\模块01\任务2\音乐网站.swf、音乐网站.jpg。

### 🔖 任务分析

📚 **主要制作步骤**

--------------------------------

--------------------------------

--------------------------------

--------------------------------

--------------------------------

--------------------------------

--------------------------------

--------------------------------

--------------------------------

# 职业技能知识点考核

## 1．单项选择题

（1）Flash是一款（     ）制作软件。

A．影片              B．交互式动画              C．位图图像              D．按钮

（2）舞台显示最大比例值为（     ）%。

A．200              B．800              C．2000              D．无限

## 2．多项选择题

（1）Flash操作界面中最重要的面板包括（     ）、（     ）、（     ）。

A．时间轴          B．"属性"面板          C．"库"面板          D．"工具"面板

（2）Flash影片最终显示的区域是（     ），放置在舞台中的内容可以是（     ）。

A．工作区域          B．舞台          C．媒体文件          D．面板

## 3．判断题

（1）Flash制作出的动画体积非常大，不适合于有限的网络传输速度。（     ）

（2）Flash源文件是可编辑文件。（     ）

## 模块 02 绘制图形

本模块主要引导学生掌握Flash软件中部分绘制和编辑工具的使用方法与技巧，为以后实际项目中绘制复杂的场景动画打好基础。

### 能力目标

1. 能够使用选择工具调整线条形状
2. 能够使用椭圆工具和矩形工具绘制简单图形
3. 能够使用线条工具绘制各种折线
4. 能够使用铅笔工具和钢笔工具绘制各种曲线

### 专业知识目标

1. 掌握工具箱中部分工具的使用方法
2. 理解路径的概念

### 课时安排

8课时（讲授6课时；实践2课时）

### 任务参考效果图

# 知识储备

知识一 **"工具"面板**

"工具"面板（又称为工具箱）是制作Flash动画过程中使用最多的一个面板。"工具"面板中放置了可供编辑图形和文本的各种工具，利用这些工具可以进行绘图、选取、喷涂、修改及编排文字等操作，有些工具还可以改变查看工作区的方式。在选择了某一工具时，其对应的附加选项（作用是改变相应工具对图形处理的效果）也会在工具箱下面的位置出现。

工具箱共分为工具区、查看区、颜色区和选项区4个区域，如图2-1所示。工具箱中各工具的名称和功能如下。

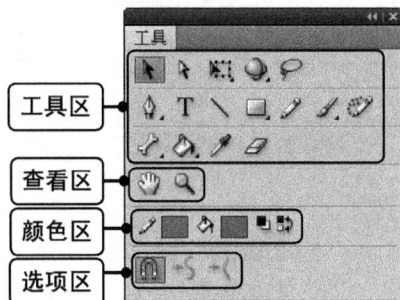

图2-1 "工具"面板

- 选择工具：选择图形、拖曳或改变图形形状。
- 部分选取工具：选择图形、拖曳或分段选取。
- 任意变形工具：变换图形形状。
- 3D旋转工具：允许使用3D旋转和3D平移工具使对象沿X、Y、Z轴进行三维空间的操作。
- 套索工具：选择部分图像。
- 钢笔工具：绘制直线和曲线。
- 文本工具：创建和修改字体。
- 线条工具：绘制直线条。
- 椭圆工具：绘制椭圆形。
- 矩形工具：绘制矩形和圆角矩形。
- 铅笔工具：绘制直线和曲线。
- 刷子工具：绘制闭合区域图形或线条。
- Deco工具：将创建的图形形状转换为复杂的几何图案。
- 骨骼工具：可以像3D软件一样，为动画角色添加骨骼。
- 墨水瓶工具：改变线条的颜色、大小和类型。
- 颜料桶工具：填充和改变封闭图形的颜色。
- 滴管工具：选取颜色。
- 橡皮擦工具：去除选定区域的图形。
- 缩放工具：缩放舞台中的图形。
- 手形工具：当舞台上的内容较多时，使用该工具平移舞台以及各个部分的内容。

> **提 示**
>
> 在创建动画时，如果发现需要应用的工具按钮是灰色的，则表明使用该工具的条件还没有成立。

## 知识二 "时间轴"面板

"时间轴"面板用于组织和控制文档内容在一定时间内播放的图层数和帧数。它可以记录的内容有调用动画脚本、确定关键帧的标识名称、调整图层的叠放次序等。"时间轴"面板包括两个部分，左侧为图层操作区，右侧为帧操作区，如图2-2所示。

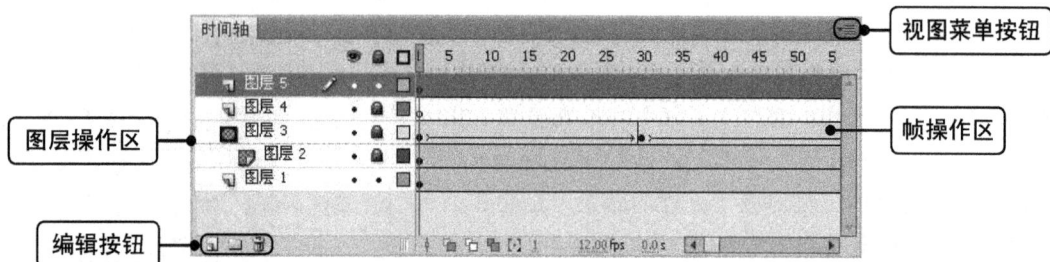

图2-2 "时间轴"面板

（1）图层操作区

图层就像堆叠在一起的多张幻灯片一样，在舞台上一层层地向上叠加，上面图层中的对象会叠加在下面图层的上方，如果上面图层中没有内容，即可透过该层看到下面图层的内容。在图层操作区内，可以对图层进行创建、删除、显示和锁定等操作。

（2）帧操作区

帧操作区对应左侧的图层操作区，每一个图层对应一行帧系列。在Flash CS5中，动画是按照时间轴从左向右顺序播放的，每播放一格即是一帧，一帧则对应一个画面。时间轴上的数值5、10、15等是动画制作记数用的编辑帧，被称为"第5帧"、"第10帧"和"第15帧"等。其中，红色的矩形是播放头，随着播放头从左到右移动，就是动画播放的过程。

（3）编辑按钮

编辑按钮包括"新建图层"、"绘图纸外观"和"编辑多个帧"，是动画创作中不可缺少的按钮。

（4）视图菜单按钮

单击"时间轴"面板右上角的按钮 [≡]，打开视图菜单，如图2-3所示。在默认的状态下，帧是以标准形式显示的，在该菜单中可以修改时间轴中帧的显示方式，以控制帧单元格的宽度。

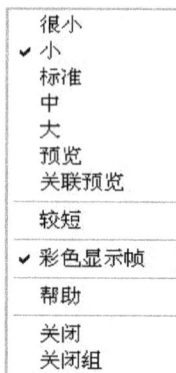

图2-3 视图菜单

## 知识三 "属性"面板

"属性"面板是一个非常实用而又特殊的面板。当选择不同的工具时，该面板中的参数会随着所选择的工具不同而不同，从而方便对所选对象的属性进行设置。在不用的时候，"属性"面板可以被隐藏；一旦需要时，可以选择"窗口"＞"属性"命令，将其打开。如图2-4所示，分别为选择颜料桶工具和线条工具后打开的"属性"面板。

图2-4 不同工具的"属性"面板

# 模拟制作任务

## 任务一 ▶ 绘制金鱼图形

### 📚 任务背景

手绘是制作Flash动画过程中一个很重要的环节，例如，绘制一些基本山水、花草、人物和飞禽走兽是必需的，因此在该任务中需要用所学过的工具绘制一条金鱼，如图2-5所示。

### 📚 任务要求

绘制一条金鱼，简笔绘制，不需要添加颜色。

### 📚 任务分析

利用椭圆工具绘制小金鱼的身体和眼睛轮廓，利用选择工具和任意变形工具调整图形形状，再利用线条工具或铅笔工具绘制小金鱼的尾巴。

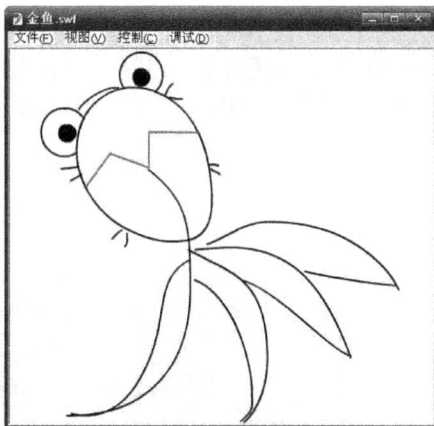

图2-5 效果图

### 📚 重点、难点

① 椭圆工具和橡皮擦工具的使用。

② 线条工具和刷子工具的使用。

③ 任意变形工具的使用。

【技术要领】利用椭圆工具绘制大圆；利用选择工具（黑箭头）调整弧度；利用橡皮擦工具擦除多余的线条；利用线条工具绘制折线；利用铅笔工具绘制曲线；利用刷子工具绘制金鱼眼睛。

【解决问题】环状图形绘制、旋转所绘制的图形、曲线绘制。

【素材来源】光盘\素材与源文件\模块02\任务1\绘制金鱼图形.swf。

【视频教程】光盘\视频教程\模块02\绘制金鱼图形.avi。

## 创建文档

**Step 01** 启动Flash CS5，按Ctrl+N组合键，打开"新建文档"对话框，在"常规"选项卡中选择 ActionScript 2.0选项，新建一个空白文档。按Ctrl+J组合键，弹出"文档设置"对话框，在该对话框中修改舞台尺寸为550×600（像素），其他属性选项保持默认，如图2-6所示。

图2-6 "文档设置"对话框

**Step 02** 单击"确定"按钮，进入场景编辑状态。按Ctrl+S键（或选择"文件"＞"保存"命令），将新文档保存到"素材与源文件\模块02\任务1"文件夹下，并为文档命名为"绘制金鱼图形.fla"。

## 设置工具属性并绘制图形

**Step 03** 选择椭圆工具，选择"窗口"＞"属性"命令，打开椭圆工具的"属性"面板。在该面板中设置笔触颜色为黑色、填充颜色为无、笔触高度为2.00、笔触样式为实线，如图2-7所示。

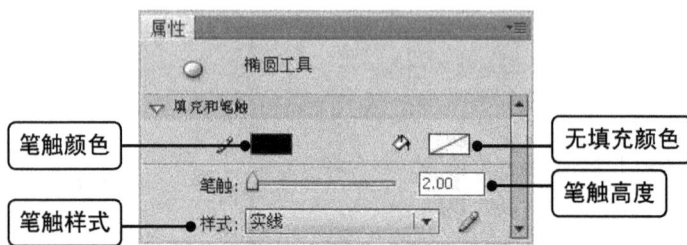

图2-7 设置工具属性

**Step 04** 拖动鼠标，在舞台中绘制一个椭圆，如图2-8（左图）所示，单击舞台中的图形，将其边框选中，选择工具箱中的任意变形工具，舞台中的图形被黑色边框所包围，移动鼠标指针靠近边框的4个直角的任意一个时，光标呈现旋转图形，如图2-8（右图）所示。

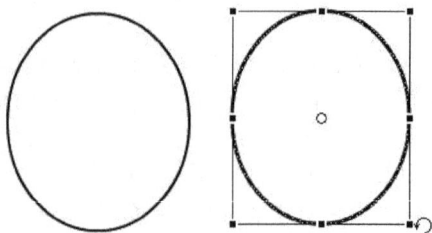

图2-8 绘制图形

Step **05** 按住鼠标左键，将图形旋转一个角度，如图2-9（左图）所示，调整后的图形如图2-9（中图）所示。

Step **06** 单击选择工具，将鼠标指针靠近椭圆的下边框，当鼠标指针出现曲线调整形状，按住鼠标左键，调整图形如图2-9（右图）所示。

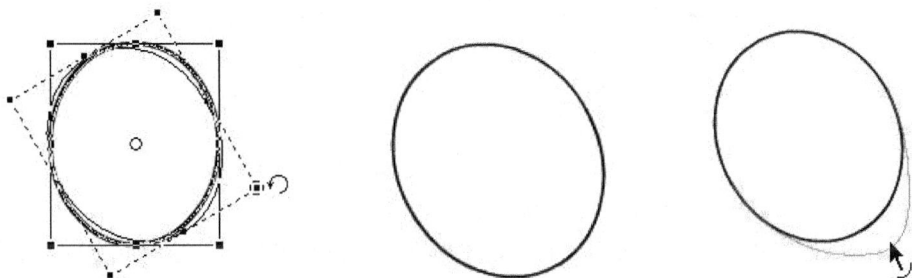

图2-9 调整图形

Step **07** 选择椭圆工具，拖动鼠标，在圆的上边框绘制两个小圆，如图2-10（左图）所示；选择橡皮擦工具，将圆相交的多余线条擦除，如图2-10（右图）所示。

Step **08** 选择线条工具，选择"窗口"＞"属性"命令，打开"属性"面板。在该面板中设置笔触颜色为红色、填充颜色为无、笔触高度为2.00、笔触样式为实线，如图2-11所示。

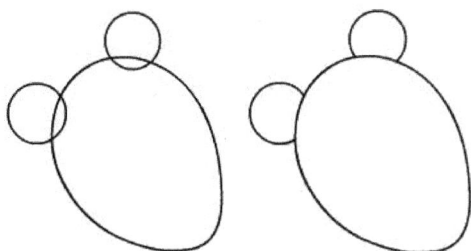

图2-10 绘制小圆并删除多余线条

图2-11 设置工具属性

Step **09** 拖动鼠标，在椭圆中间绘制折线，如图2-12（左图）所示。选择铅笔工具，打开"属性"面板，设置其笔触颜色为黑色，并在其辅助选项中设置铅笔模式为"平滑"模式，如图2-12（中图）所示。拖动鼠标，在椭圆的中间位置绘制一条曲线，如图2-12（右图）所示。

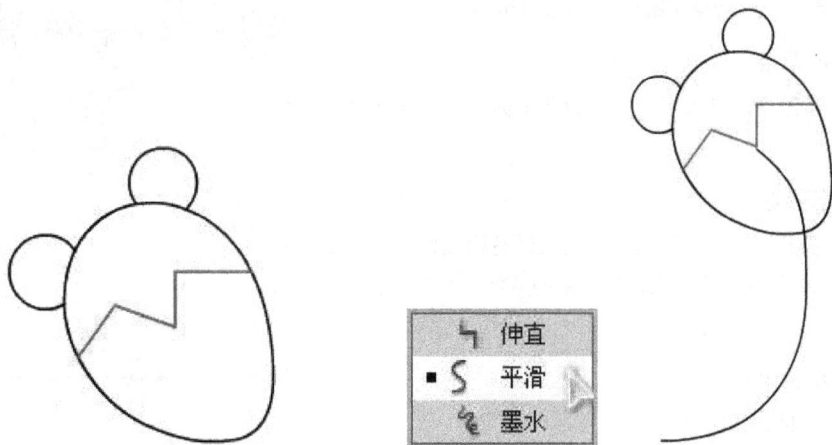

图2-12 绘制折线和曲线

Step **10** 拖动鼠标，为金鱼绘制尾巴，如图2-13（左图）所示。拖动鼠标，为金鱼绘制嘴巴，再简单地添加几笔勾勒出鱼鳍，如图2-13（右图）所示。

图2-13 绘制图形

Step **11** 选择刷子工具，打开"属性"面板，设置填充颜色为黑色，并在辅助选项中选择刷子形状和刷子大小，如图2-14所示。拖动鼠标，为金鱼添加眼球，如图2-15所示。

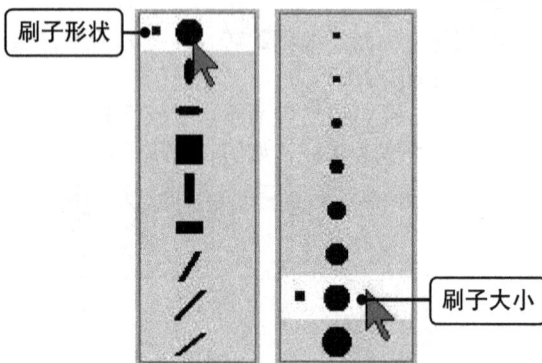

刷子形状

刷子大小

图2-14 设置工具属性

图2-15 为金鱼添加眼睛

Step **12** 制作结束后，保存文件，按Ctrl＋Enter组合键，输出并浏览所绘制的图形。

## 任务二 ▸ 绘制苹果图形

### ◉ 任务背景

利用钢笔工具绘制苹果图形，如图2-16所示。

### ◉ 任务要求

绘制苹果图形，掌握钢笔工具绘图的方法，不需要添加颜色。

### ◉ 任务分析

根据苹果的图形，利用钢笔工具在带有网格的舞台中单击出锚点，再利用选择工具调整苹果的形状，最后绘制出苹果梗和叶子。

图2-16 效果图

### ◉ 重点、难点

① 网格的操作和使用。
② 钢笔工具的使用。
③ 椭圆工具和选择工具的使用。

【技术要领】利用钢笔工具绘制苹果轮廓；利用选择工具（黑箭头）调整弧度；利用椭圆工具绘制椭圆；熟悉网格的使用。

【解决问题】钢笔工具绘制图形。

【素材来源】光盘\素材与源文件\模块02\任务1\绘制苹果图形.swf。

【视频教程】光盘\视频教程\模块02\绘制苹果图形.avi。

## 操作步骤详解

### 创建文档

**Step 01** 运行Flash CS5，创建一个新文档，保持默认属性选项。选择"文件">"保存"命令，将新文档保存到"素材与源文件\模块02\任务2"文件夹下，并将文件命名为"绘制苹果图形.fla"。

### 绘制图形

**Step 02** 选择"视图">"网格">"显示网格"命令，打开网格。选择钢笔工具，拖动鼠标，在舞台中心处单击鼠标左键，确定苹果图形路径的第1个锚点，如图2-17（左图）所示。

**Step 03** 拖动鼠标，继续确定苹果图形路径的第2个锚点，如图2-17（中图）所示。然后拖动鼠标，确定苹果图形的各个锚点位置，绘制到最后一个锚点时，即可将苹果图形的大概轮廓确定好，如图2-17（右图）所示。

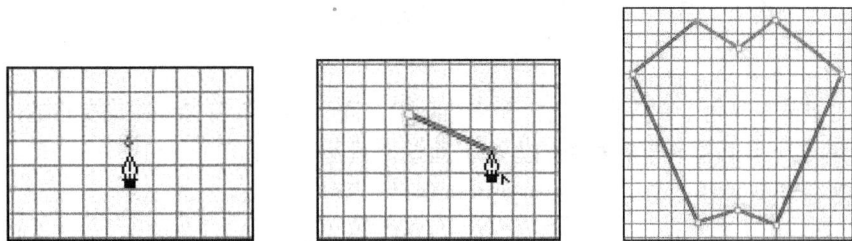

图2-17 绘制锚点确定苹果图形

**Step 04** 关闭网格。选择转换锚点工具，将图形的各个折点转换为曲点，如图2-18（左、中图）所示。然后利用部分选取工具对绘制的图形路径进行细致的调整，如2-18（右图）所示。

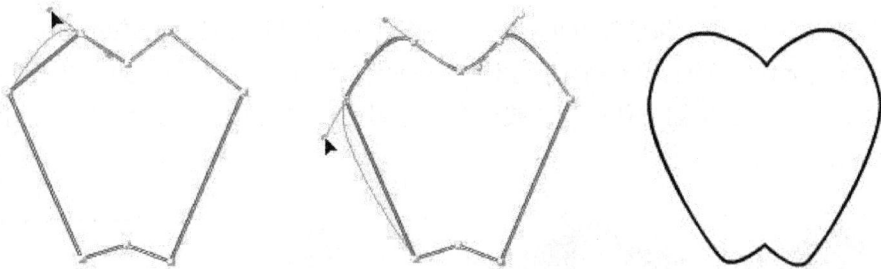

图2-18 将折点转换为曲点并调整图形

**Step 05** 选择钢笔工具，拖动鼠标，在苹果的上方绘制苹果梗图形路径的各个锚点，如图2-19（左图）所示。

**Step 06** 选择转换锚点工具，将苹果梗中间两个折点转换为曲点，然后利用部分选取工具细致调整图形的形状，如图2-19（中图）所示。

**Step 07** 选择椭圆工具，拖动鼠标，在苹果梗的右侧绘制一个小椭圆作为苹果的叶子，如图2-19（右图）所示。

图2-19 绘制并调整苹果梗和叶子

**Step 08** 绘制结束后，保存文件，按Ctrl+Enter组合键，输出并浏览动画。

# 知识点拓展

## ❶ 选择工具

一般来说，对舞台中的对象进行编辑必须事先选择对象，因此，选择对象是最基本的操作。选择对象有很多种方法，Flash中提供了多种选择工具，主要有选择工具（又称其为黑箭头工具）、部分选取工具（又称其为白箭头工具）和套索工具。

### （1）选择对象

选择工具▶主要用于在舞台上选择和移动对象，同时还具备将矢量图形变形的功能，是使用最为频繁的一个工具。选中对象的方法很简单，只需在工具箱中单击选择工具后，拖动鼠标，在选择对象上单击（或双击）即可选中对象。

（a）非合并模式图形的选择：在选中选择工具后，只需在所要选择的对象图形上单击鼠标左键，即可选中图形对象，且对象上呈现麻点，如图2-20（左图）所示。

（b）合并模式图形的选择：在选中选择工具后，双击带有边框和填充色的图形对象即可选中对象，此时边框与填充色均布满了麻点，如图2-20（右图）所示。

（c）选择多个对象：按住Shift键，在每个对象上单击即可（或用框选的方法）。

（d）选择元件或组件：会有细蓝色边框出现在元件或组件的周围，如图2-21（左图）所示。

（e）选择导入的位图文件：位图被一个灰色锯齿形边框包围，以体现被选中状态，如图2-21（右图）所示。

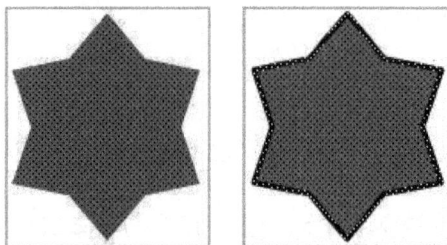

图2-20 选择图形对象

图2-21 选择元件和位图

提 示

选择对象最简便的方法是使用选择工具在所需要选择的对象上拖曳，画出一个选取框，松开鼠标后，在选取框范围内的对象被全部选中。移动对象时，将鼠标指针放置在对象上，当出现十字箭头时，按下鼠标并拖曳，或利用键盘上的方向键即可。

（2）辅助选项

当使用选择工具时，在工具箱的下方出现了选择工具的辅助选项，它们分别是"贴紧至对象"按钮 ⋂、"平滑"按钮 ⭢S 和"伸直"按钮 ⭢〈。

（a）"紧贴至对象"按钮：该按钮又称为"自动吸附"按钮，按该按钮后可以在物体被拖动的情况下，产生一个自动捕捉圆点。当被拖动物体靠近已存在对象边框、中心线、中心点或端点时，自动捕捉圆点放大，此时表明被拖动物体已吸附在目标物体上。图2-22所示为拖动一个椭圆到矩形边框的过程。

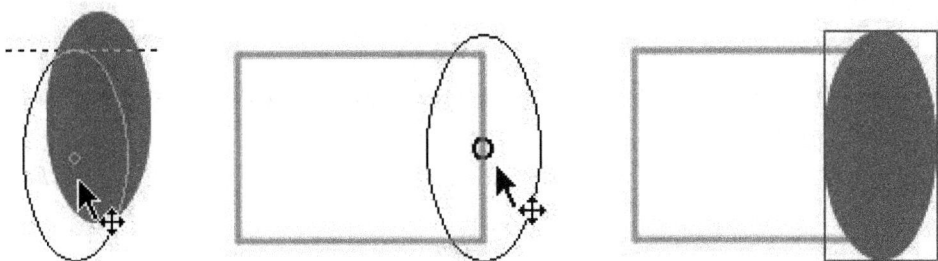

图2-22 拖动椭圆到矩形框的边框

（b）"平滑"和"伸直"按钮：这两个按钮的作用都是简化选定曲线和形状的。

- 平滑：使曲线和形状更加圆滑。
- 伸直：使曲线和形状更加平直。

图2-23（左图）所示为使用铅笔工具绘制的一条曲线；图2-23（中图）所示为应用"平滑"选项后的曲线；图2-23（右图）所示为应用"伸直"选项后所得到的曲线。

图2-23 曲线在使用"平滑"和"伸直"选项后的不同效果

（3）选择工具的3种形状

在不选中舞台对象时，使用选择工具，将鼠标指针放在线条或填充的对象上（非拖动），鼠标指针会因为位置的不同而呈现的形状不同，所呈现的形状一共有3种。借助这3种不同的形状，可以完成对象的移动和变形。

如图2-24所示为选择工具放在一个矩形填充对象不同位置上时，所呈现的不同鼠标形状。图2-24（左图）所示为"移动"状态，黑箭头下方有一个四方向移动箭头标记；图2-24（中图）所示为"曲线调整"状态，黑箭头下方有一个黑色圆弧标记；图2-24（右图）所示为"拐角拉伸"状态，黑箭头下方有一个直角线标记。

图2-24 选择工具3种不同的鼠标形态

**（4）变形直线段**

（a）利用线条工具，绘制一条直线段，并将其分为两份，如图2-25（左图）所示。

（b）选中选择工具，移动鼠标并在舞台的空白位置单击一下，将光标移到直线左侧上，当光标尾部出现一个黑色圆弧标记时，此时按住鼠标左键拖动，直到合适的位置为止，如图2-25（右图）所示。

图2-25 变形直线段

（c）松开鼠标左键，直线左侧将变成一条光滑的曲线。继续将右侧线段变形，删除中间的分割线，得到如图2-26所示的波浪线。

图2-26 波浪线

## ❷ 线条工具

线条工具 ╲ 是Flash CS5中最基本的工具之一，我们常常利用该工具绘制不同角度、平滑的直线，或绘制出封闭的直线化图形。

**（1）绘制直线**

选择线条工具，当将鼠标指针移动到工作区后变成十字形时，说明该工具已被激活，按下鼠标左键并拖动鼠标，即可绘制一条直线。如果在拖动鼠标时按住键盘上的Shift键，此时绘制出的直线是倾斜角度为0°、45°、90°、135°等按45°倍数变化的直线，如图2-27所示为呈45°倾斜角度的直线。

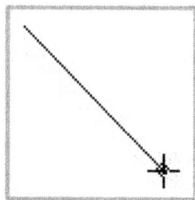

图2-27 45°夹角直线

**（2）属性**

选择线条工具后，选择"窗口">"属性"命令，即可打开该工具的属性面板，如图2-28（左图）所示。其中，主要包括以下几个选项。

- 笔触颜色 ╱ ▇ ：用于设置当前线条颜色。单击它即可打开调色板，此时鼠标指针变成滴管状，用滴管直接拾取颜色，如图2-28（右图）所示，也可以在文本框中输入线条颜色的十六进制RGB值，如#FF00FF来选取颜色。

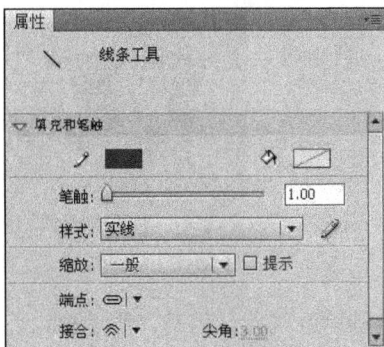

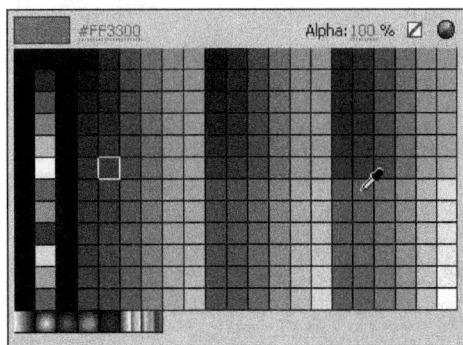

图2-28 线条工具的"属性"面板和调色板

- 笔触：用于设置所绘制线条的粗细度，也称笔触高度，既可以直接在文本框中输入笔触值（数值范围为0.1～200），也可以拖动滑块来调整。Flash中的线条粗细是以像素为单位的。
- 样式：用于显示和改变当前直线类型。该下拉列表中可供选择的线型有实线、虚线、点状线等7种，如图2-29（左图）所示。单击面板中的"编辑笔触样式"按钮 ✎ ，可以在打开的"笔触样式"对话框中对所选择的线条类型属性进行相应的设置，如图2-29（右图）所示。

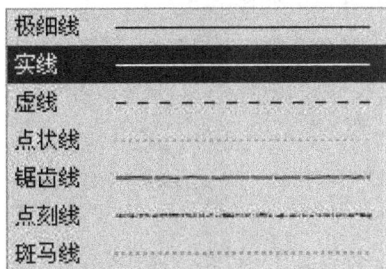

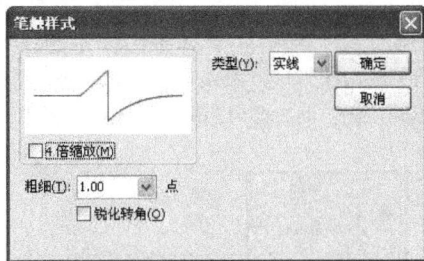

图2-29 "样式"下拉列表和"笔触样式"对话框

- 端点：用于定义线条端点形式，共有如图2-30所示的3种形式。
- 接合：用于定义两直线相接时的形式，共有如图2-31所示的3种形式。

图2-30 3种端点形式

图2-31 3种接合形式

### （3）辅助选项

选择线条工具后，在工具箱的下方出现两个辅助选项，一个是"对象绘制"按钮 ⬡ ，另一个是"贴紧至对象"按钮 🖿 （该辅助按钮已经详细说明过，此处不再赘述）。"对象绘制"按钮用于避免在绘制两个图形时发生重叠粘合现象。如图2-32和图2-33所示，分别为释放和按下"对象绘制"按钮时移动舞台中同一图层的两个重叠图形所出现的不同状态。

| 提 示 |
| --- |
| 　当按下"对象绘制"按钮后，可以直接在舞台中创建形状而不影响被覆盖图形的形状。选择线条工具、椭圆工具、矩形工具、铅笔工具和钢笔工具时，工具的辅助选项中都会出现"对象绘制"按钮，单击该按钮即可进入对象绘制模式。 |

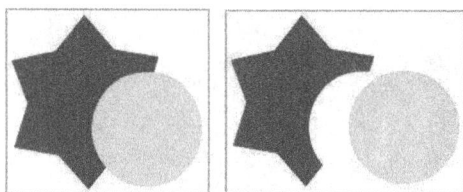

图2-32 释放"对象绘制"按钮时移动后的状态　　　　图2-33 按下"对象绘制"按钮时移动后的状态

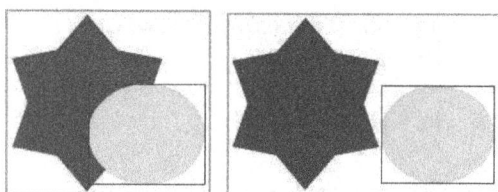

## ❸ 铅笔工具

铅笔工具 ✏ 与线条工具类似，通过它们都可以绘制笔触线条。但是，两者相比，铅笔工具更加灵活，用户可以按照自己的意愿随意地绘制各种直线和曲线。

### （1）辅助选项

选择工具箱中的铅笔工具，在舞台中拖动鼠标，即可按照拖动的轨迹绘制出相应的线段。选择铅笔工具后，在工具箱的下方将出现两个辅助选项，分别为"铅笔模式"按钮 S 和"对象绘制"按钮 ○（对该按钮的作用已经阐述过，此处不再赘述）。"铅笔模式"按钮用于绘图时平滑或伸直线条和形状，它共有伸直、平滑和墨水3种模式，如图2-34所示。

- 伸直：选择该模式，在绘制线段时系统会自动将线段细节部分转成直线，同时锐化拐角处，使绘制的曲线形成折线效果，因此，该模式适于绘制有棱角的图形。当绘制的图形接近矩形或圆形时，会自动转换为矩形或圆形，如图2-35（左、右）所示。

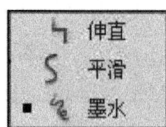

图2-34 "铅笔模式"选项　　　　　　　　图2-35 "伸直"模式的效果

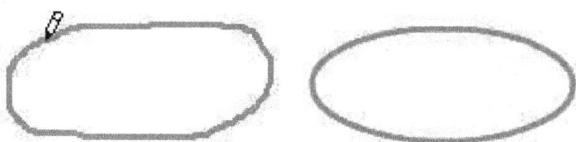

- 平滑：选择该模式，在绘制线段时系统将尽可能地消除矢量线边缘的棱角，使绘制的线段更加趋于光滑，此模式适于绘制平滑的图形，如图2-36所示。
- 墨水：选择该模式，所绘制的线段将最大限度地保持绘图原样，此模式适于绘制手绘效果的图形，如图2-37所示。

图2-36 "平滑"模式的效果　　　　　　　　图2-37 "墨水"模式的效果

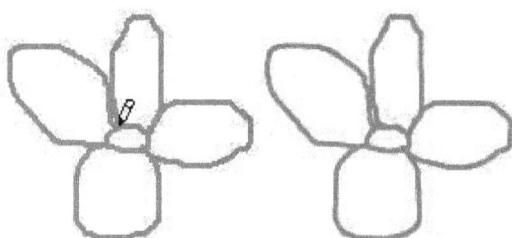

### （2）属性

选择铅笔工具后，选择"窗口">"属性"命令，即可打开该工具的属性面板。

铅笔工具的属性设置与线条工具的属性设置基本相同（相同的部分不再赘述），所不同的是比线条工具多了一个用于设置笔触平滑度的选项，如图2-38所示。

- 平滑：用于设置铅笔工具绘制线条的平滑度。将鼠标指针放置在平滑右侧的参数上时，出现双向箭头，按住鼠标向左移动，则参数值变小，绘制的线段越趋于直线化；按住鼠标向右移动，参数值变大，绘制的线段越趋于曲线，参数的数值范围为0～100。

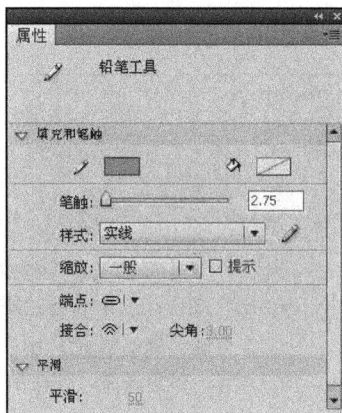

图2-38 "属性"面板

# ❹ 椭圆工具和基本椭圆工具

椭圆工具 ◯ 绘制的图形是椭圆形或圆形图形。使用该工具不但可以为椭圆设置填充颜色，还可以任意选择椭圆轮廓线的颜色、线宽和线型。

## （1）绘制椭圆

按住工具箱中的矩形工具，打开工具下拉列表，如图2-39所示。在该下拉列表中选取椭圆工具 ◯，此时工作区中的光标变成十字状，说明工具被激活，拖动鼠标，即可在舞台中绘制椭圆；如果按住Shift键，则可绘制一个圆，如图2-40所示。

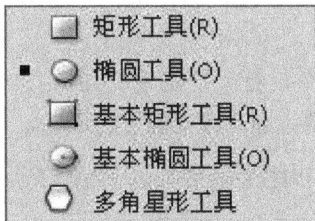

图2-39 选择椭圆工具

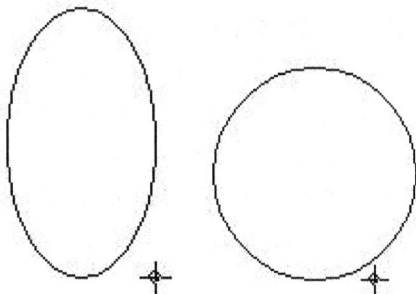

图2-40 绘制一个椭圆和圆

## （2）属性

选择椭圆工具后，选择"窗口"＞"属性"命令，打开其"属性"面板。在该面板中可以设置包括笔触颜色、填充颜色、笔触高度（对此属性不再赘述），其中还包括"开始/结束角度"等基本参数。改变椭圆选项中的属性，还可以绘制出扇形图形。

- 开始角度：设置扇形的起始角度。
- 结束角度：设置扇形的结束角度。如果"开始角度"与"结束角度"都为0时，则绘制出的形状为椭圆或圆；当改变"开始角度"和"结束角度"的数值时，可以绘制出扇形、半圆或其他不规则的形状，如图2-41所示。

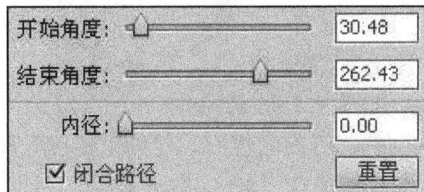

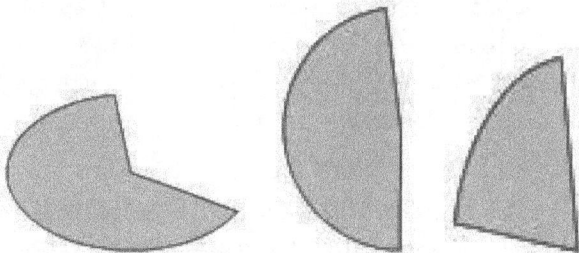

图2-41 改变角度参数并绘制不同形状

- 内径：设置扇形内角的半径，其参数的数值范围为0～99。当改变"内径"的数值时，则绘制的形状如图2-42所示；如果同时改变角度和内径数值时，可得到如图2-43所示的形状。

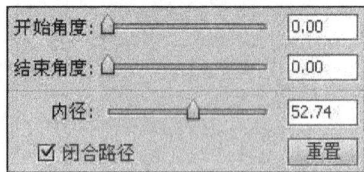

图2-42 改变内径参数及绘制的形状　　　　　图2-43 改变角度及内径参数绘制的形状

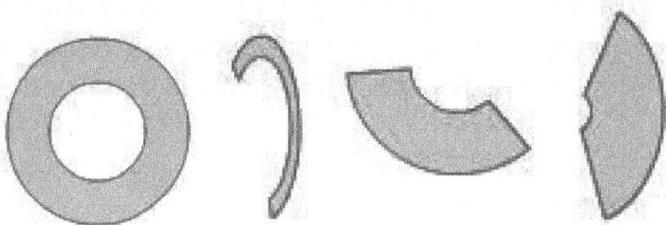

- 闭合路径：确定椭圆的路径是否闭合，如绘制的形状为开放路径，则形状不会填充颜色，仅绘制笔触。默认情况下为闭合路径。
- 重置：恢复角度、半径的初始值。

**提　示**

　　在绘制图形的过程中，往往只需绘制一个边框，而不需要其中的填充色（或只需要绘制一个带有填充色的形状，而不需要边框），此时可以将调色板中的"关闭"按钮 🔲 关闭（或释放）。

**（3）基本椭圆工具**

　　利用基本椭圆工具 ⊙ 绘制图形后，可以对椭圆的开始角度、结束角度和内径进行再次设置，因此，使用基本椭圆工具能够更方便地绘制扇形图形。

　　选择基本椭圆工具后，选择"窗口">"属性"命令，打开"属性"面板，如图2-44所示。在该面板中修改"开始/结束角度"、"内径"等参数，即可改变椭圆的形状。

　　（a）选择基本椭圆工具，在"属性"面板中将角度和内径都设置为0，绘制的形状如图2-45所示（图形中有两个调节节点）。

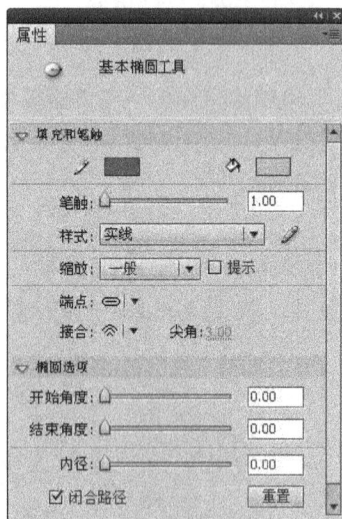

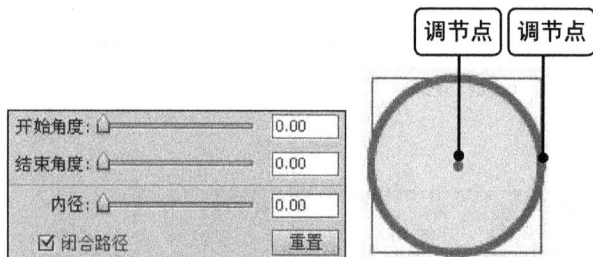

图2-44 "属性"面板　　　　　图2-45 改变参数及绘制椭圆

　　（b）选中舞台中的形状，在"属性"面板中设置椭圆的"开始角度"、"结束角度"和"内径"，舞台中的基本椭圆将变形为如图2-46所示，形状边缘出现了4个调节节点。

　　（c）移动鼠标指针，靠近形状中的调节节点（任意一个调节节点），当鼠标指针变为黑色三角时，如图2-47（左图）所示，按住鼠标拖动调节节点，可以将形状调节成其他形状，如图2-47（右图）所示。

| | |
|---|---|
| 开始角度: ‒‒‒‒‒ 6.73 | |
| 结束角度: ‒‒‒‒‒ 272.52 | |
| 内径: ‒‒‒‒‒ 36.08 | |
| ☑ 闭合路径    重置 | |

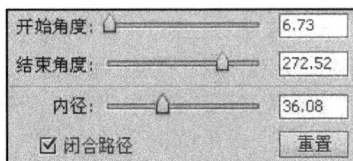

图2-46 设置参数绘制形状

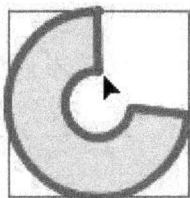

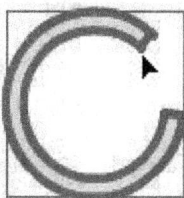

图2-47 调整形状

## 5 钢笔工具

Flash CS5中的路径工具有两个，一个是钢笔工具 ，用于绘制路径；另一个是部分选取工具，用来调整路径。钢笔工具可以绘制直线或曲线段，还可以调整直线的角度和长度，以及曲线段的斜率，它是比较灵活的形状创建工具。

### （1）绘制直线和折线

（a）绘制直线：选择钢笔工具，移动鼠标指针到舞台上，此时鼠标指针变为一支钢笔形状 ，在舞台中确定直线的起始位置，拖动鼠标并单击，即可生成第一个锚点，然后选择第二个锚点位置并单击鼠标，从而形成了一条直线，如图2-48所示。

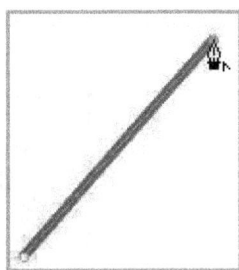

（b）绘制折线：移动鼠标指针并单击，即可生成一条折线；继续单击，可以生成多条折线，如图2-49（左图）所示。单击选择工具后，结束绘制，如图2-49（右图）所示。

图2-48 绘制直线

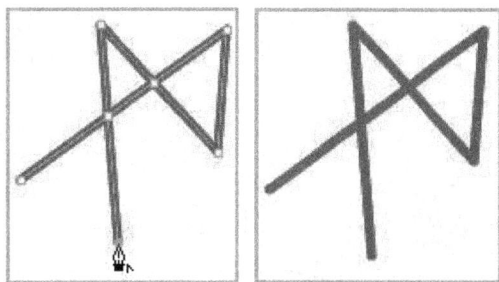

图2-49 绘制折线并结束绘制

### （2）绘制曲线

（a）选择钢笔工具，拖动鼠标，在舞台中单击，即可确定了曲线的第一个锚点。

（b）移动光标到第二个锚点，单击鼠标并拖动切线手柄到合适的位置，松开鼠标后，绘制出一段曲线，如图2-50（左图）所示。

（c）移动光标到第三个锚点，单击鼠标并拖动切线手柄到合适的位置，松开鼠标后，绘制出一段曲线，如图2-50（右图）所示。

（d）单击选择工具后，即可创建出一条光滑的曲线。

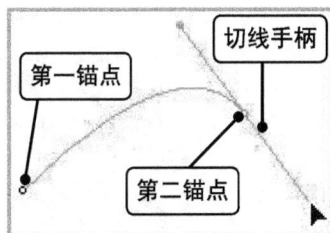

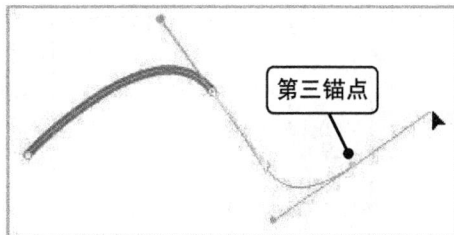

图2-50 绘制曲线

**提 示**

在钢笔工具的下拉列表中还有3个工具，其中的"添加锚点"和"删除锚点"工具可以分别用于在路径中添加或删除锚点；另外一个是"转换锚点"工具，该工具用于将折点和曲点进行互相转换。

## ❻ 任意变形工具

使用任意变形工具 ![]可以对图形对象进行旋转、封套、扭曲、缩放等操作。选择任意变形工具后，在工具箱的下方出现该工具的5个辅助选项，它们分别是贴紧至对象 ![]、旋转与倾斜 ![]、缩放 ![]、扭曲 ![]和封套 ![]，如图2-51所示。

图2-51 辅助选项

### （1）对象的旋转和倾斜

（a）选择"文件" > "导入" > "导入到舞台"命令，任意导入一张位图图片，如图2-52（左图）所示。

（b）选择任意变形工具，单击"旋转与倾斜"辅助工具按钮 ![]，选中对象，对象中心出现一个中心点，周围出现8个方形的控制点，4个角上的控制点是旋转控制点，边框的4个中间点是倾斜控制点，如图2-52（中图）所示。

（c）选择矩形的中心点，将其移动到对象的右上角，从而改变了图片中心点位置，如图2-52（右图）所示。

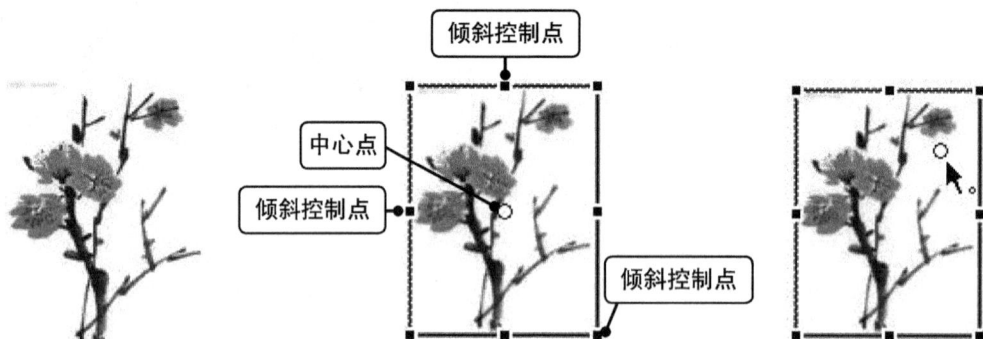

图2-52 导入图片并改变中心点

（d）移动鼠标到图片拐角上的旋转控制点，当鼠标指针呈 ↻ 形状时，拖动鼠标旋转图片，如图2-53（左图）所示。

（e）移动鼠标到边框中间的倾斜控制点，当鼠标指针变成 ⇆ 形状时，拖动鼠标，如图2-53（中图）所示；拖动鼠标到新位置，释放鼠标，矩形即被倾斜成一个角度，如图2-53（右图）所示。

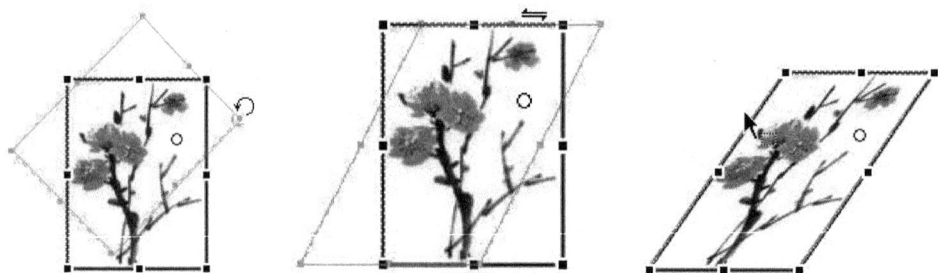

图2-53 旋转与倾斜对象

提 示

旋转是将一个对象以其中心点为基点转动一定的角度，倾斜是根据拖动鼠标使方框产生的变化来判断倾斜的程度。如果图片的中心点被改变，则旋转将以新的中心点为轴心而产生旋转。

**（2）对象的缩放、扭曲和封套操作**

（a）任意导入一张位图图片，选择"修改"＞"分离"命令，将图片分离。

（b）选择任意变形工具，并单击"缩放"辅助工具按钮，此时在选中的对象四周出现8个控制点，它们分别为比例缩放点、水平缩放点和垂直缩放点，如图2-54所示。

（c）单击"扭曲"辅助工具按钮，对象四周出现8个控制点，这8个点都可以用来扭曲变形对象，如图2-55所示。

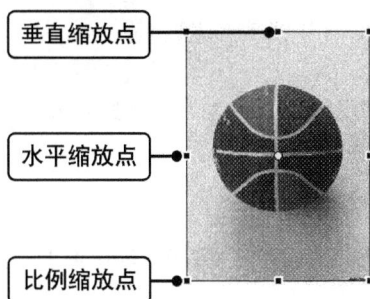

垂直缩放点

水平缩放点

比例缩放点

图2-54 缩放对象

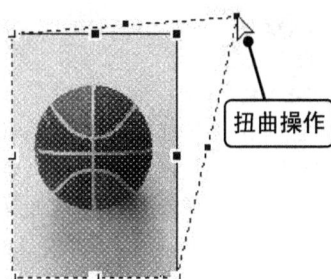

扭曲操作

图2-55 扭曲对象

提 示

扭曲工具和旋转与倾斜工具的区别是，旋转与倾斜工具只能在水平或垂直方向上使对象变形，而扭曲工具可以在任意方向上使对象变形。

（d）选中舞台中的图片对象，单击"封套"辅助工具按钮，在图片对象的周围出现众多的控制点，如图2-56（左图）所示。拖动任一控制点都可以对图片对象进行变形，如图2-56（右图）所示。

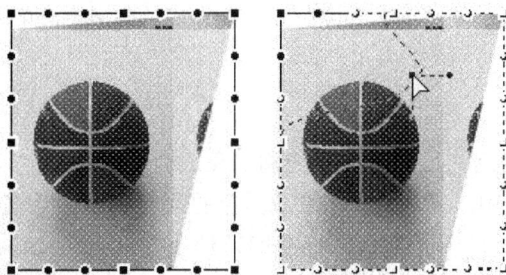

图2-56 使用"封套"工具

❼ **橡皮擦工具**

利用橡皮擦工具可以对矢量图形进行修改和擦除操作，以去除矢量图形中多余的部分。选择橡皮擦工具后，在工具箱的下方出现了橡皮擦工具的辅助选项，它们分别为橡皮擦模式、橡皮擦形状和水龙头工具，如图2-57所示。

**（1）橡皮擦形状**

选择橡皮擦形状可以有利于细致地擦除图片中不需要的部分，其形状如图2-58所示。

（2）**橡皮擦模式**

单击"橡皮擦模式"按钮，弹出"橡皮擦模式"下拉列表，如图2-59所示。橡皮擦共有5种模式。

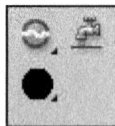

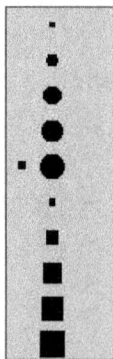

图2-57 辅助选项　　　　图2-58 工具形状　　　　图2-59 橡皮擦工具的模式

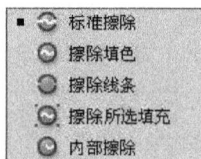

- 标准擦除：系统默认的模式，会将图形中的笔触和填充全部擦除。
- 擦除填色：只擦除填充区域，不影响边框。
- 擦除线条：只擦除边框，不影响填充区域。
- 擦除所选填充：只擦除用选择工具选中的填充区域，不影响笔触（不管笔触是否被选中）和未被选中的填充区域。
- 内部擦除：只擦除橡皮擦笔触开始处的填充。如果从空白点开始擦除，则不会擦除任何内容，这种模式不影响边框。

---

**注　意**

在"内部擦除"模式下擦除图形时，一定要从图形填充区域内部向外擦除，否则此操作将不起任何作用。

---

（3）**水龙头工具**

如果图形中的某些区域是连续的，要删除它们也可以使用橡皮擦"选项"栏中的"水龙头"辅助工具按钮。单击"水龙头"按钮后，将光标移到要删除的笔触段或填充区域上，单击鼠标即可将其删除。

❽ **刷子工具**

刷子工具（又称为画笔工具）用于绘制对象或内部填充，它的使用方法与铅笔工具类似，移动鼠标指针到舞台中，鼠标指针将变成黑色的圆形或方形，在舞台工作区中单击并拖动鼠标，即可绘制图形。但是，铅笔工具绘制的图形是笔触线段，而使用刷子工具绘制的图形是填充颜色。

（1）**属性**

在工具箱中选择刷子工具后，选择"窗口">"属性"命令，打开"属性"面板，如图2-60所示。刷子工具的属性参数只有两项，一个是"填充和笔触"（常规属性，不赘述），另一个是"平滑"。

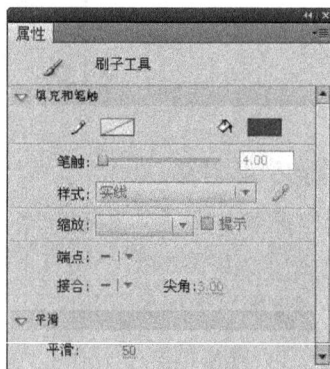

图2-60 "属性"面板

- 平滑：设置图形边缘光滑度。数值设置得越大，绘制出的图形的边缘就越光滑。

**提 示**

利用刷子工具绘制图形时，按住Shift键拖动，可以绘制出垂直或水平方向的图形；如果按住Ctrl键，则可以暂时切换到选择工具，对工作区中的对象进行选取。

（2）辅助选项

选择刷子工具后，在工具箱的下方出现刷子工具的辅助选项，如图2-61所示。刷子工具的辅助选项中包括"对象绘制"模式（前章节讲解过，此处不再赘述）、"刷子大小"、"刷子形状"、"刷子模式"和"锁定填充"5个选项。

（a）刷子工具的大小和形状：如果要修改刷子工具的笔触大小和笔触形状，则可选用"刷子大小"和"刷子形状"下拉列表中的样式，如图2-62所示。

（b）刷子模式：Flash CS5提供了5种不同的刷子模式。不同刷子模式的设置对舞台中其他对象的影响方式不同，单击"刷子模式"按钮，弹出下拉列表，如图2-63所示。

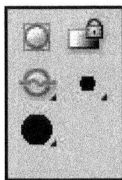

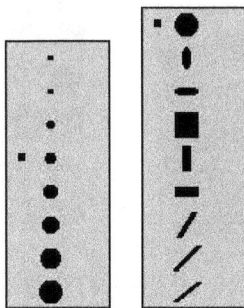

图2-61 辅助选项　　　　　图2-62 刷子大小和刷子形状　　　　　图2-63 "刷子模式"下拉列表

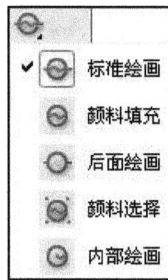

- 标准绘画（默认）：选择该选项，新绘制的线条将覆盖在同一图层中的原有图形上，如图2-64所示。
- 颜料填充：选择该项，只能在空白区和原有的颜色填充区中进行涂色，原有线条将被保留。也就是说，刷子所绘图形将被原有线条截断，如图2-65所示。
- 后面绘画：选择该项，只能在同一层的空白区域涂色，原有颜色填充区及线条将被保留，如图2-66所示。

图2-64 "标准绘画"模式　　　　　图2-65 "颜料填充"模式　　　　　图2-66 "后面绘画"模式

- 颜料选择：选择该项，只能在选择的区域里涂色，如图2-67（左右图）所示。
- 内部绘画：选择该项，只能在起始笔触所在的填充区中涂色，但不影响线条，如图2-68所示。如果在空白区域中开始涂色，该填充不会影响任何现有填充区域。

**注 意**

在"内部绘画"模式下绘制图形时，一定要从图形填充区域内部向外涂画，否则绘制的图形将会出现在原图形的外部。

图2-67 "颜料选择"模式          图2-68 "内部绘画"模式

（c）"锁定填充"模式：锁定填充选项是用来切换在使用渐变色进行填充时的参照点，单击"锁定填充"按钮 🔒，即可进入锁定填充模式。

- 非锁定填充：对现有的图形进行填充，即在刷子经过的地方，都将包含着一个完整的渐变过程，比如为一个矩形对象填充渐变色的效果如图2-69（左图）所示。
- 锁定填充：以系统确定的参照点为准进行填充，完成渐变色的过渡是以整个动画为完整的渐变区域，刷子经过什么区域，就对应出现什么样的渐变色，比如为一个矩形对象填充渐变的效果如图2-69（右图）所示。

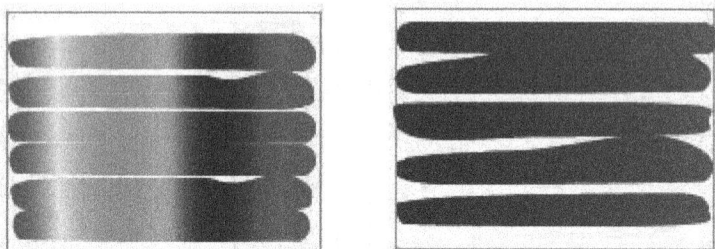

图2-69 选择两种模式后的填充效果

### ❾ 网格、标尺和辅助线

在动画制作过程中，通常需要一些工具辅助创作，这会使整个动画在创建过程中具有比较合理的结构和编排，从而让动画显得更加有条理。Flash CS5中提供了网格、标尺、辅助线以及快捷键等辅助工具。

### （1）网格

网格是显示或隐藏在所有场景中的绘图栅格。对于网格，可以理解为做团体表演时，在场地上画出的站位点。

（a）选择"视图">"网格">"显示网格"命令，在舞台上即可显示类似于坐标纸的小方格，如图2-70所示。

（b）显示/隐藏网格。默认情况下网格是不显示的。选择"视图">"网格">"显示网格"命令，这时舞台上将出现灰色的小方格，默认大小为18×18（像素），默认的网格线颜色是灰色。

（c）编辑网格。选择"视图">"网格">"编辑网格"命令，这时将弹出"网格"对话框，如图2-71所示。其中各项的功能如下。

- 颜色：设置网格线的颜色。
- 显示网格：设置是否显示网格。
- 在对象上方显示：设置网格显示在所绘制对象的上方。
- 贴紧至网格：设置是否吸附到网格。

- 左右、上下箭头：设置网格线的间距，单位为"像素"。
- 贴紧精确度：设置对齐网格线的精确度。

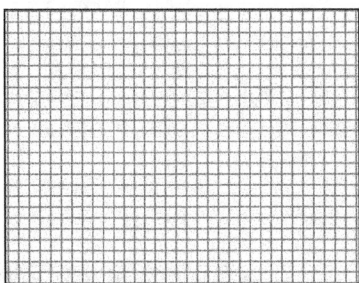

图2-70 网格

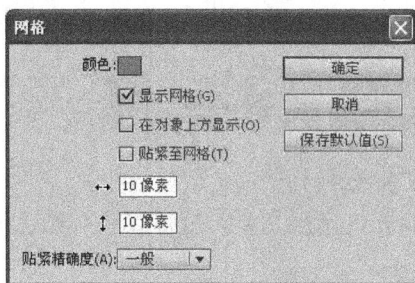

图2-71 "网格"对话框

### （2）标尺

默认情况下，标尺是没有打开的。选择"视图" > "标尺"命令或按Ctrl+Alt+Shift+R组合键，即可打开标尺。打开后的标尺出现在文档窗口左侧和顶部，如图2-72所示。

标尺使用的默认单位是"像素"，如果要修改单位，可以选择"修改" > "文档"命令，在弹出的"文档设置"对话框的"标尺单位"下拉列表框中选择其他的单位。

图2-72 标尺

### （3）辅助线

辅助线是用于实例的定位，不同的实例之间可以以这条线作为对齐的标准。

（a）选择"视图" > "辅助线" > "显示辅助线"命令，从标尺处开始向舞台中拖动鼠标，会拖出一条绿色（默认颜色）的直线，这条直线就是辅助线，如图2-73所示。

（b）使用选择工具选中辅助线，将其拖到水平或垂直标尺外部，即可删除辅助线。

（c）选择"视图" > "贴紧" > "贴紧至辅助线"命令后，当在舞台中靠近辅助线绘制对象时，对象将自动吸附在辅助线上，如图2-74所示。

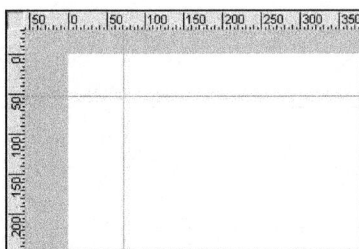

图2-73 辅助线

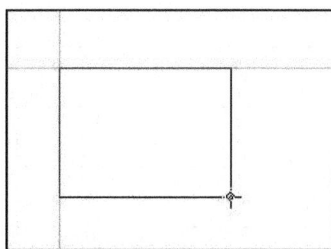

图2-74 对象与辅助线对齐

（d）选择"视图" > "辅助线" > "编辑辅助线"命令，弹出"辅助线"对话框。在该对话框中进行辅助线参数的设置，如辅助线的颜色、是否显示、对齐、锁定等，如图2-75所示。

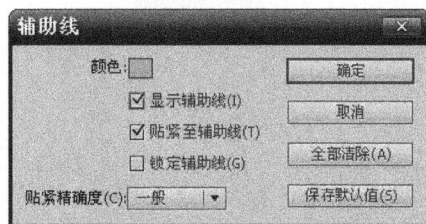

图2-75 "辅助线"对话框

# 独立实践任务

## 任务三 ▶ 绘制一只小猪

### 📚 任务背景

用所学过的工具模拟绘制简笔画小猪，如图2-76所示。绘制结束后，将图形保存。

### 📚 任务要求

要求绘制出小猪的可爱和憨态，并绘制在一个图层中，绘制结束后保存文档，并为文档命名为"绘制一只小猪"。

【技术要领】利用椭圆工具绘制图形；利用线条工具绘制直线；然后利用选择工具调整线条的形状。

【解决问题】会使用各种相关工具，并会调整图形。

【素材来源】光盘\素材与源文件\模块02\任务3\绘制一只小猪.swf。

图2-76 效果图

### 📚 任务分析

_____

_____

_____

_____

_____

_____

_____

_____

_____

_____

_____

_____

_____

_____

_____

📑 主要制作步骤

_____

_____

_____

_____

_____

_____

_____

_____

_____

_____

_____

# 职业技能知识点考核

## 1. 单项选择题

（1）使用（　　）工具可以选取和移动对象。

A．铅笔　　　　　　　B．钢笔　　　　　　　C．选择　　　　　　　D．任意变形

（2）绘制椭圆时按住（　　）键，可以绘制出圆。

A．Shift　　　　　　　B．Alt　　　　　　　C．Alt + Shift　　　　　D．Del

## 2. 多项选择题

（1）"时间轴"面板包括两个操作区，它们分别是（　　）操作区和（　　）操作区。

A．图层　　　　　　　B．按钮　　　　　　　C．视图　　　　　　　D．帧

（2）在Flash中使用任意变形工具可以（　　）对象和（　　）对象。

A．选择　　　　　　　B．旋转和变形　　　　C．绘制　　　　　　　D．缩放和扭曲

## 3. 判断题

（1）"工具箱"又称工具栏，是Flash中用来存放绘图工具的场所。（　　）

（2）在Flash中，当按"对象绘制"按钮后，可以直接在舞台中创建形状而不影响被覆盖图形的形状。（　　）

# 模块 03 着色和编辑图形

本模块主要引导学生掌握Flash软件中部分颜色工具和颜色编辑工具的使用方法与技巧，为以后制作动画打好基础。

## 能力目标

1. 能够使用颜色工具为所绘制的图形填充颜色
2. 能够使用渐变变形工具调整图形
3. 能够应用"颜色"面板为图形填充不同类型的颜色

## 专业知识目标

1. 掌握工具箱中部分工具的使用方法
2. 掌握"颜色"面板的使用

## 课时安排

6课时（讲授4课时；实践2课时）

## 任务参考效果图

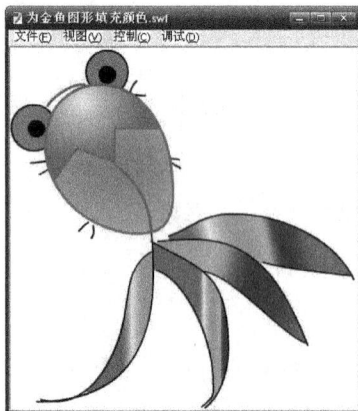

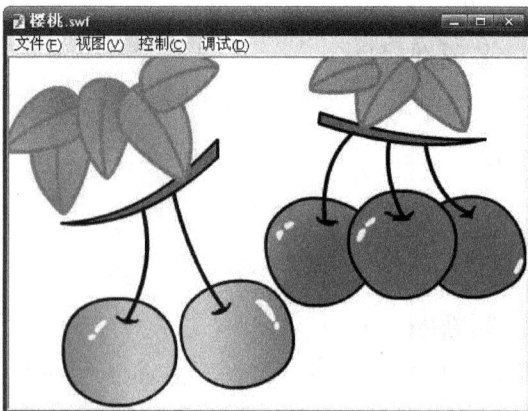

# 知识储备

## 知识一 ▶ "颜色"面板

选择"窗口">"颜色"命令，即可打开"颜色"面板，如图3-1所示。该面板可以为所绘制的图形设置填充样式和颜色，单击"颜色类型"下拉按钮，可以弹出颜色类型下拉列表，其中包括：无、纯色、线性渐变、径向渐变和位图填充共5种填充类型。

- 线性渐变：颜色从起始点到终点沿直线逐渐变化。
- 径向渐变：颜色从起始点到终点按照环形模式由内向外逐渐变化。

    * 当选择填充色为渐变类型时，渐变色编辑栏的左、右各有一个"小色标"📦（也称色块），该色标是用来改变关键点颜色的。双击小色标，可在弹出的"拾色器"中选取颜色，如图3-2所示，即可改变对象的颜色。

    * 编辑时，将鼠标指针放在两个色标中间，当鼠标指针右下方出现十字时，单击鼠标，即可添加一个色标，如图3-3所示。如果要删除色标，只需拖动色标向下移动即可。

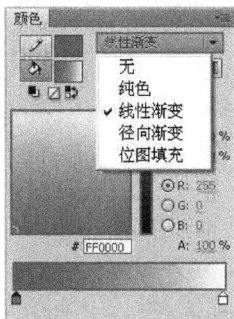

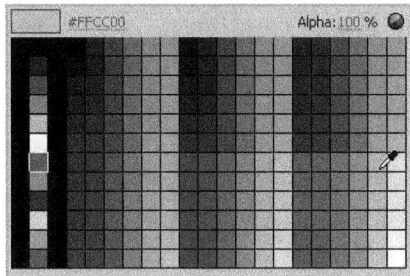

| 图3-1 "颜色"面板 | 图3-2 "拾色器"面板 | 图3-3 添加色标 |
|---|---|---|

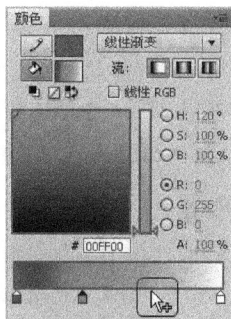

### 提示

在Flash CS5中，对一个渐变色最多可以添加15种颜色。

- 位图填充：是指将所选择的位图图形填充到所选定的图形中。

## 知识二 ▶ "变形"面板

选择"窗口">"变形"命令，即可打开"变形"面板，如图3-4所示。该面板主要用于对选定对象执行缩放、旋转、倾斜和3D旋转等操作。

- 伸缩比例：在后面的文本框中输入水平方向和垂直方向的伸缩比例，可以缩放所选定的对象。
- "约束"按钮 ⫯：可以使所选择的对象按原来的尺寸在"水平"和"垂直"方向上，成比例地进行缩放。
- "旋转"单选按钮：选中该单选按钮后，在后边的文本框中输入需要旋转的角度，可以旋转所选定的对象。
- "倾斜"单选按钮：选中该单选按钮后，在后边的文本框中输入水平方向和垂直方向需要倾斜的角度，可以倾斜所选定的对象。

图3-4 "变形"面板

- 3D旋转：通过设置X、Y、Z轴的坐标值，可以旋转所选中的3D对象。
- 3D中心点：通过设置，可以移动3D对象的旋转中心点。
- "重制选区和变形"按钮：可执行变形操作，并且可复制对象的副本。

# 模拟制作任务

## 任务一 ▶ 绘制花朵

### ◈ 任务背景

用所学过的工具绘制一组花朵，如图3-5所示。

### ◈ 任务要求

使用椭圆工具绘制花瓣和花蕊、使用任意变形工具对它们进行变形调整，要求花朵的色泽要鲜艳。

### ◈ 任务分析

在Flash中为绘制的图形填充颜色是动画制作过程中必不可少的一个重要环节。填充的颜色类型分为若干种，颜色的配置都是在"颜色"面板中完成的。

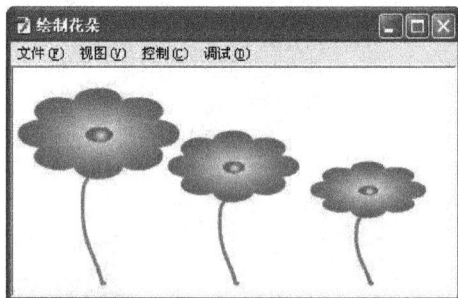

图3-5 效果

### ◈ 重点、难点

① 使用椭圆工具和铅笔工具绘制图形。
② 利用"颜色"面板设置渐变填充颜色。
③ 利用选择工具和任意变形工具调整图形。
④ 将图形转换为图形元件。
⑤ 利用"变形"面板复制图形元件。

【技术要领】用相应的工具绘制图形；设置渐变填充色；图形转换为元件；变形图形与将图形组合；复制图形元件。
【解决问题】颜色的设置、元件转换、复制图形。
【素材来源】光盘\素材与源文件\模块03\任务1\绘制花朵.swf。
【视频教程】光盘\视频教程\模块03\绘制花朵.avi。

## 操作步骤详解

### 创建文档

Step **01** 运行Flash CS5软件，创建一个新的空白文档。

Step **02** 按Ctrl+J组合键，弹出"文档设置"对话框。在该对话框中修改文档尺寸为550×300（像素），其他属性选项保持默认，如图3-6所示。

Step **03** 单击"确定"按钮，进入场景编辑状态。按Ctrl+S键（或选择"文件"＞"保存"命令），将新文档保存到"素材与源文件\模块03\任务1"文件夹下，并将文件命名为"绘制花朵.fla"。

## 绘制图形

Step **04** 选择椭圆工具，选择"窗口">"颜色"命令，打开"颜色"面板。在该面板中选择"线性渐变"填充类型，填充颜色从左到右依次设置为红色和黄色，如图3-7所示。

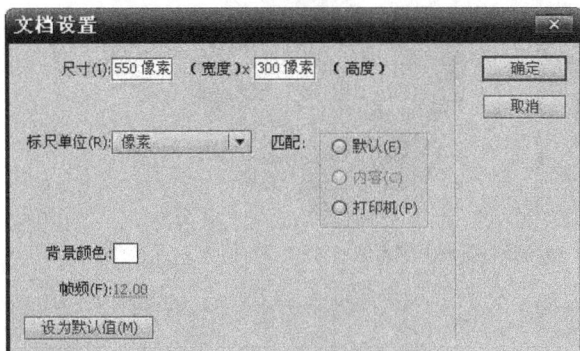

图3-6 "文档设置"对话框        图3-7 "颜色"面板

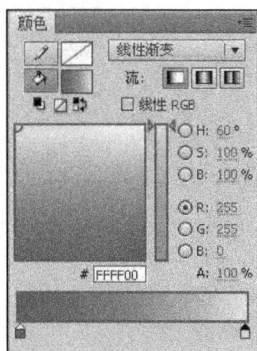

Step **05** 拖动鼠标，在舞台中绘制一个无边框的椭圆，如图3-8（左图）所示；选择任意变形工具，将椭圆选中并旋转，旋转后的椭圆如图3-8（右图）所示。

Step **06** 选中选择工具，将光标移动到椭圆图形的左上方，当光标变为曲线调整状态时，按下鼠标，将椭圆左上方变形，如图3-9（左图）所示；用同样的方法，将椭圆的右上方变形，如图3-9（右图）所示。

图3-8 绘制椭圆形        图3-9 变形椭圆形

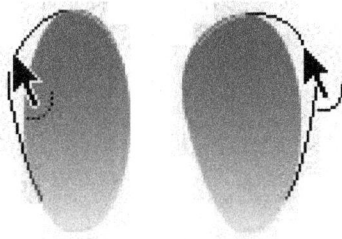

## 编辑图形

Step **07** 选中舞台上的椭圆形，选择"修改">"转换为元件"命令，弹出"转换为元件"对话框。在该对话框中为元件命名为"花瓣"，类型选择"图形"，如图3-10（左图）所示；单击"确定"按钮，将绘制的图形转换为元件，如图3-10（右图）所示。

Step **08** 选择任意变形工具，选中花瓣元件，将中心点移动到图形元件的下方，如图3-11所示。

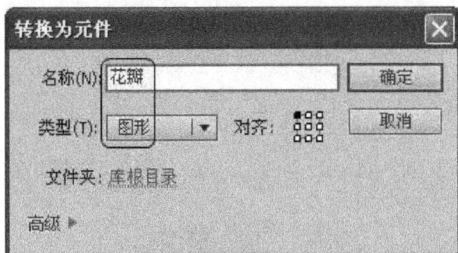

图3-10 "转换为元件"对话框        图3-11 移动中点

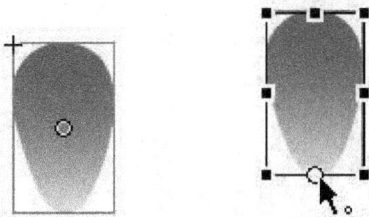

Step **09** 选择"窗口">"变形"命令，打开"变形"面板。选中"旋转"单选按钮，并在文本框中输入45.0°，然后连续单击"重制选区与变形"按钮7次，如图3-12（左图）所示；复制出7个相同的椭圆形，并且依次旋转45°，复制出的花朵效果如图3-12（右图）所示。

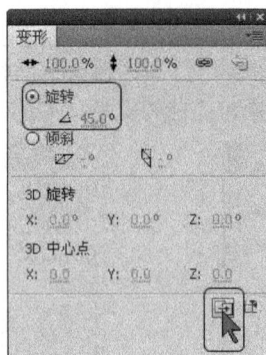

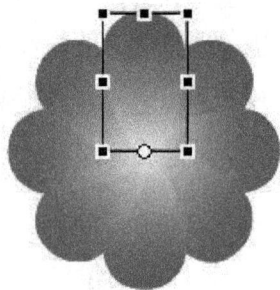

图3-12 设置参数复制图形元件

**注　意**

在Flash旧版本中，应用"变形"面板中的"复制并应用变形"功能时，可以不将图形转换为元件，而目前使用的新Flash版本要将图形对象转换为元件，才可以应用"重制选区与变形"功能。

Step **10** 将舞台中的对象全部选中，然后选择任意变形工具，如图3-13（左图）所示，调整花朵的形状如图3-13（右图）所示。

Step **11** 选中整个花朵，选择"修改"＞"组合"命令，将对象组合为一个整体，如图3-14所示。

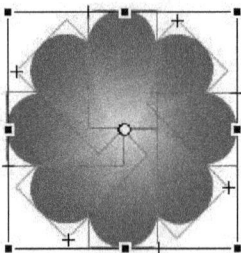

图3-13 选择对象调整花瓣形状

图3-14 组合图形对象

Step **12** 选择椭圆工具，打开"颜色"面板，在该面板中选择"径向渐变"填充类型，填充颜色从左到右依次为黄色和棕色，如图3-15（左图）所示。

Step **13** 拖动鼠标，在舞台中绘制一个无边框的小椭圆（作为花心），选中小椭圆，选择"修改"＞"组合"命令，将小椭圆组合，如图3-15（中图）所示。

Step **14** 利用任意变形工具调整小椭圆的形状，并将其移动到花朵的中心，如图3-15（右图）所示。

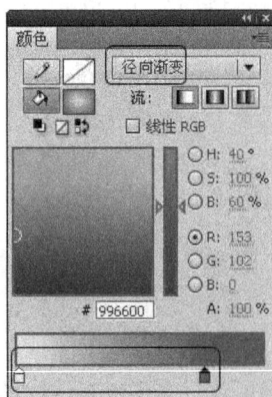

图3-15 绘制花心

Step **15** 选择铅笔工具，打开"属性"面板，在该面板中设置笔触颜色为绿色，笔触高度为3.00，如图3-16（左图）所示；选择铅笔工具的辅助模式为"平滑"模式，拖动鼠标，在花朵的下方绘制花朵的茎，如图3-16（中图）所示。

Step **16** 选中舞台中所有对象，选择"修改" > "组合"命令，将所有对象组合为一个整体，如图3-16（右图）所示。

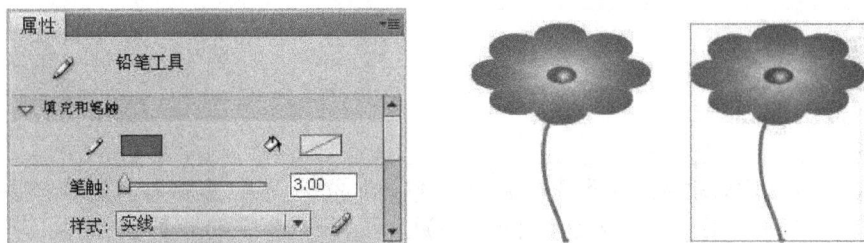

图3-16 绘制花茎并组合图形

Step **17** 选中组合后的图形，在图形上单击鼠标右键，在弹出的快捷菜单中选择"复制"命令，在舞台中再单击鼠标右键，在快捷菜单中选择"粘贴到当前位置"命令，复制出一个新图形，然后用鼠标左键按住新图形，将其拖放在一侧。

Step **18** 用同样的方法，再复制一个相同的图形，将其放置在一侧，然后调整3个花朵的大小，将它们排列起来，如图3-17所示。

图3-17 制作完成的花朵

Step **19** 制作完毕，保存文件，按Ctrl+Enter组合键，输出并浏览动画。

## 任务二 为金鱼图形填充颜色

### 任务背景

为模块2中绘制的金鱼图形填充颜色，效果如图3-18所示。

### 任务要求

使用颜色填充工具为金鱼填充渐变颜色，使用渐变变形工具调整颜色的大小、方向等。

### 任务分析

为图形填充颜色是动画制作过程中必不可少的一个重要环节。填充的颜色类型分为若干种，颜色的配置都是在"颜色"面板中完成的，渐变颜色的调整可利用渐变变形工具来完成。

### 重点、难点

① 使用颜料桶工具为图形填充渐变颜色。

② 利用墨水瓶工具为图形的轮廓更改颜色。

③ 利用"颜色"面板设置渐变填充颜色。

④ 利用渐变变形工具调整渐变色的大小、方向等。

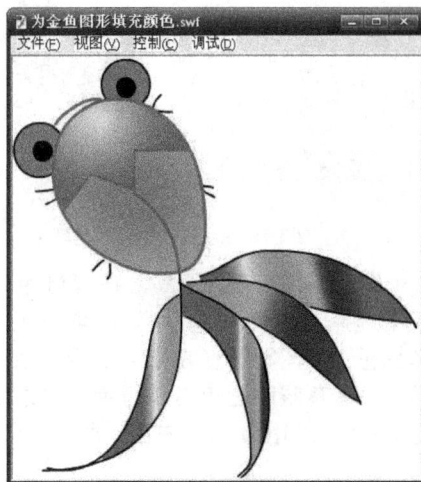

图3-18 效果图

【技术要领】用相应的工具为图形填充颜色；为轮廓更改颜色；设置渐变填充色并调整渐变色的大小和方向。
【解决问题】颜色的设置、颜色的填充、轮廓线的更改。
【素材来源】光盘\素材与源文件\模块03\任务2\为金鱼图形填充颜色.swf。
【视频教程】光盘\视频教程\模块03\为金鱼图形填充颜色.avi。

## 操作步骤详解

### 打开文档

Step **01** 运行Flash CS5软件，选择"文件" > "打开"命令，由"素材与源文件\模块03\任务2"文件夹下，打开命名为"绘制金鱼图形"的源文件。

Step **02** 选择"文件" > "另存为"命令，在打开的"另存为"对话框中选择保存路径、保存文件类型，并为文件命名为"为金鱼图形填充颜色"，单击"确定"按钮。

### 为图形着色

Step **03** 选择颜料桶工具，选择"窗口" > "颜色"命令，打开"颜色"面板。在该面板中选择"径向渐变"填充类型，填充颜色从左到右为黄色和红色，如图3-19（左图）所示。

Step **04** 拖动鼠标，在金鱼的头颈处单击鼠标左键，为金鱼的头部填充上渐变色，如图3-19（右图）所示。

Step **05** 仍然选择颜料桶工具，在"颜色"面板中选择"径向渐变"填充类型，填充颜色从左到右为淡紫色和淡蓝色，如图3-20（左图）所示；拖动鼠标，在金鱼的背部单击，为其填充上渐变色，如图3-20（右图）所示。

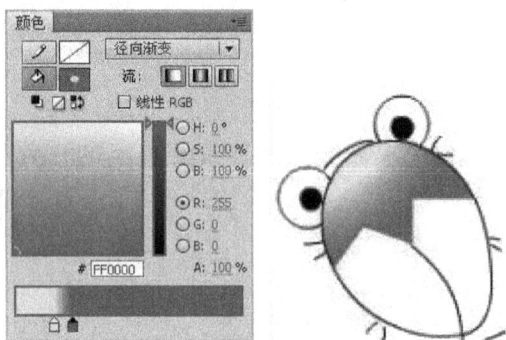

图3-19 为金鱼头颈部填充颜色

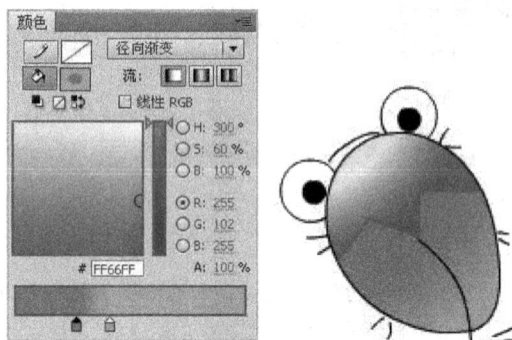

图3-20 为金鱼背部填充颜色

Step **06** 选择颜料桶工具，在"颜色"面板中选择"纯色"填充类型，填充颜色选择棕色，如图3-21（左图）所示；拖动鼠标，在金鱼眼睛上单击，为金鱼的眼睛填充上颜色，如图3-21（右图）所示。

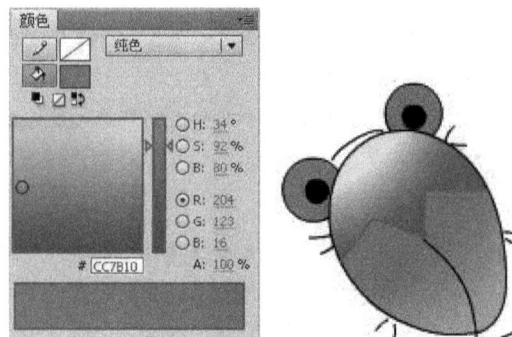

图3-21 为金鱼眼睛填充颜色

Step **07** 继续选择颜料桶工具，并在颜料桶工具的辅助选项中单击"封闭大空隙"按钮，在"颜色"面板中选择"线性渐变"填充类型，填充颜色从左到右依次为红、黄、绿、淡蓝、蓝、紫和红色，拖动鼠标，在金鱼的一条尾巴上单击，为其填充渐变颜色，如图3-22所示。

Step **08** 选择渐变变形工具，并选中已填充了颜色的尾巴，分别调节中心点的位置、旋转控制柄和颜色缩放控制柄，最终使得所填充的颜色如图3-23（左图）所示，

图3-22 为金鱼尾巴填充颜色

Step **09** 用相同的方法分别填充另外3条尾巴，并利用渐变变形工具分别调节渐变颜色的方向，中心点和颜色的缩放，使尾巴呈五颜六色的，如图3-23（右图）所示。

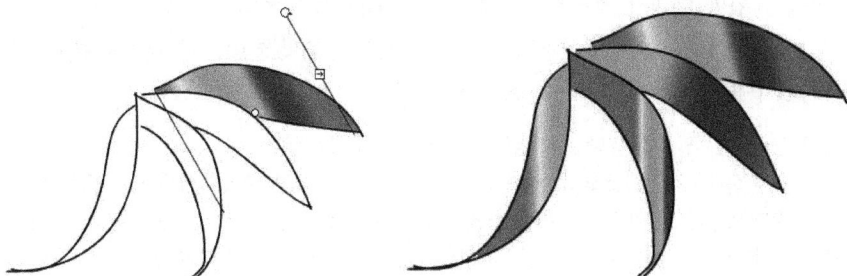

图3-23 为其他金鱼尾巴填充颜色

### 为图形轮廓线更换颜色

Step **10** 选择墨水瓶工具，打开"颜色"面板。在该面板中选择"纯色"填充类型，设置填充颜色为紫色，拖动鼠标，在金鱼嘴巴的两线条上单击，将嘴巴的线条颜色更改为紫色，将金鱼背部轮廓线条更改为红色，如图3-24所示。

Step **11** 制作完毕，保存文件，按Ctrl+Enter组合键，输出并浏览动画。

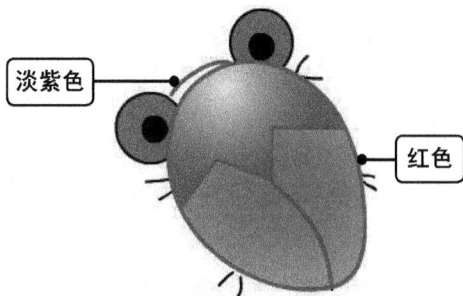

淡紫色

红色

图3-24 更换轮廓线颜色

# 知识点拓展

## ❶ 颜料桶工具

颜料桶工具 ⬧ 主要用于为闭合区域和未完全闭合区域进行颜色填充，此工具还可以更改已涂色区域的颜色。利用颜料桶工具可以使用纯色、渐变色和位图填充涂色。

### （1）闭合区域填充

（a）创建一个新文档，选择矩形工具，在舞台中绘制一个黑色的矩形框，如图3-25所示。

（b）选择颜料桶工具（一旦工具被选中，光标在工作区中将变成一个小颜料桶），打开"属性"面板，在该面板中设置填充颜色为黄色，将光标移动到矩形内单击，矩形区域即被填充了黄色，如图3-26所示。

图3-25 绘制矩形

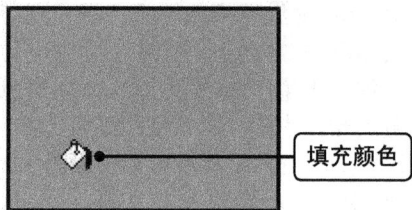

填充颜色

图3-26 填充颜色

**（2）非闭合图形填充**

（a）创建一个新文档，选择椭圆工具，拖动鼠标，在舞台上绘制一个无填充色的椭圆；选择橡皮擦工具，在椭圆框上擦出一个小缺口，如图3-27所示。

（b）选择颜料桶工具，在工具箱下方出现该工具的辅助选项，单击"空隙大小"按钮，弹出的下拉列表中有4个选项按钮，如图3-28所示。

- 不封闭空隙：不能有空隙，只能用于对封闭区域进行填充。
- 封闭小空隙：在空隙比较小的条件下，Flash会近似地将其视为封闭而进行填充。
- 封闭中等空隙：在空隙大小中等的条件下，则Flash会近似地将其视为完全封闭而进行填充。
- 封闭大空隙：在空隙尺寸比较大的条件下，则Flash会近似地将其视为完全封闭而进行填充。

（c）选择4个选项中的"封闭大空隙"选项，拖动鼠标并在椭圆框中单击，即可为椭圆框填充上颜色，如图3-29所示。

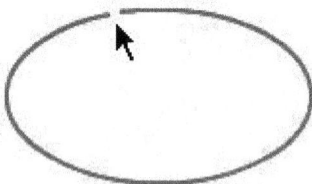

图3-27 有缺口的椭圆

图3-28 "空隙大小"下拉列表

不封闭空隙
封闭小空隙
封闭中等空隙
✓ 封闭大空隙

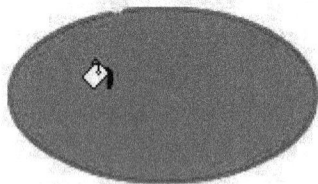

图3-29 填充颜色后的椭圆

**注　意**

如果要填充的图形没有空隙，可以选择"不封闭空隙"选项，否则要根据空隙的大小选择可执行的选项。如果空隙太大，要在手动封闭图形后再进行填充。

**❷ 墨水瓶工具**

墨水瓶工具的主要作用是为填充区域添加轮廓，改变已经存在的轮廓线的颜色和类型，但它只能应用于纯色，不能应用渐变色和位图。墨水瓶工具经常与滴管工具结合使用。

（a）创建一个新文档，选择"文件">"打开"命令，从"素材与源文件\模块03\素材"文件夹下打开名为"春风得意"的源文件。

（b）选中舞台上的文字，选择"修改">"分离"命令，将文字打散，如图3-30（左图）所示。

（c）用相同的命令，将文字再分离一次，将文字转换为矢量图形（文字上呈现麻点状），如图3-30（右图）所示。

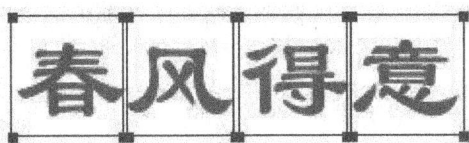

图3-30 分离文字

（d）在舞台空白处单击，取消选择，然后选择墨水瓶工具，选择"窗口">"属性"命令，打开"属性"面板。在该面板中设置笔触颜色为黑色、笔触高度为2.00、笔触样式为实线，如图3-31所示。

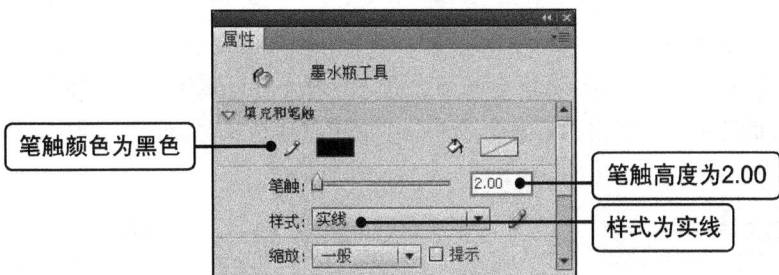

笔触颜色为黑色

笔触高度为2.00

样式为实线

图3-31 墨水瓶工具的"属性"面板

**注 意**

一旦墨水瓶工具被选中，光标在工作区中将变换为一个小墨水瓶的形状，此时即表明已经选中了墨水瓶工具。

（e）将光标移动到文本边缘上单击，这时文本被添加了2.00pts的黑色边线，如图3-32（左图）所示。依次给所有的文本加上黑色的轮廓，最终得到如图3-32（右图）所示的图形。

图3-32 为文本添加黑色轮廓

**提 示**

如果墨水瓶工具的作用对象是矢量图形，则可以直接为其加轮廓。如果将要作用的对象是文本或者位图，则需要先将其分离，然后才可以使用墨水瓶工具添加轮廓。另外，墨水瓶工具的属性选项与线条工具、铅笔工具一样，此处不再赘述。

## ❸ 滴管工具

滴管工具 用于从图形中获取内部填充色或笔触线段的颜色，从而可以轻松地将吸取的颜色复制到另一个对象上。滴管工具还允许用户从位图上取样，并将其填充到其他区域中。滴管工具没有自己的属性，也没有相应的辅助选项，这说明该工具没有任何属性需要设置，它的功能就是对颜色特征进行采集。滴管工具可以从已存在的对象中复制笔触颜色，将该颜色添加到文字的边框上。

（a）创建一个新文档，选择"文件">"打开"命令，由"素材与源文件\模块03\素材"文件夹下，打开名为"春风得意"的源文件。

（b）选中舞台上的文字，并两次选择"修改">"分离"命令，将文字转换为矢量图形（使文字呈现麻点状），如图3-33所示。

（c）选择椭圆工具，拖动鼠标，在舞台上绘制一个笔触颜色为绿色、填充区域为淡黄色的椭圆，如图3-34所示。此时舞台上共有两个对象。

图3-33 分离后的文字

图3-34 绘制椭圆

（d）选择滴管工具，移动鼠标至椭圆边框，此时光标呈现滴管状，如图3-35（左图）所示。单击椭圆的边框，光标由滴管状变成了墨水瓶形状（这表明滴管工具已经吸取了颜色），如图3-35（右图）所示。

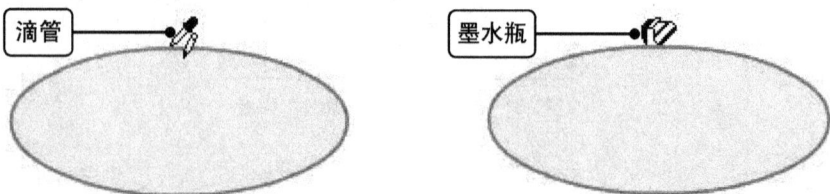

图3-35 光标由滴管状变成墨水瓶形状

（e）此时打开"属性"面板，可见已是墨水瓶工具的"属性"面板，笔触颜色为椭圆框的绿色，如图3-36所示。

（f）移动鼠标至文本的边缘上单击，即可将椭圆边框颜色添加到文本，为文本添加绿色边框，如图3-37所示。

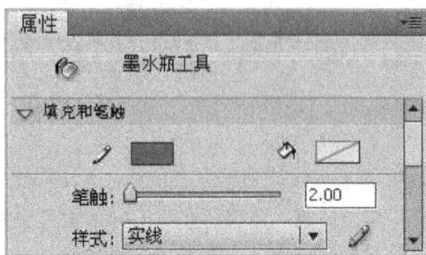

图3-36 墨水瓶工具的"属性"面板

图3-37 为文本添加边框

> **注　意**
>
> 利用滴管工具还可以将填充颜色复制到文本的填充区域中；也可以将位图填充到预制的图形中，但要注意的是首先要将位图进行分离操作，其次才可以用滴管工具获取，最后被应用到其他填充物上。

### ❹ 渐变变形工具

渐变变形工具🔲主要用于对对象进行各种方式的填充变形处理，包括填充的渐变颜色和位图的方向、中心位置、范围大小等。

**（1）线性渐变填充**

（a）创建一个新文档，选择椭圆工具，打开"颜色"面板，选择"线性渐变"填充类型，填充颜色从左到右为蓝色、红色和紫色，如图3-38（左图）所示；拖动鼠标，在舞台上绘制一个椭圆形，如图3-38（右图）所示。

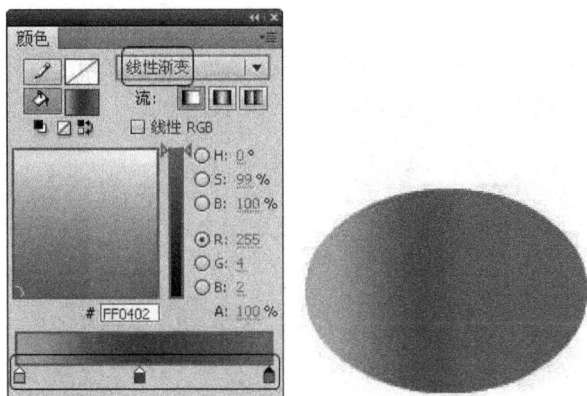

图3-38 设置颜色并绘制椭圆（一）

（b）选择渐变变形工具，在椭圆的填充区域中单击，在渐变控制线上显示渐变填充控制手柄，其中具体各项功能如下。

- 平行线：图形上出现两条平行线，这两条平行线被称为渐变控制线。
- 控制手柄：在填充对象的周围出现数个调节控制手柄。对于椭圆对象来说，周围出现的控制手柄有中心点、旋转和缩放手柄，如图3-39所示。

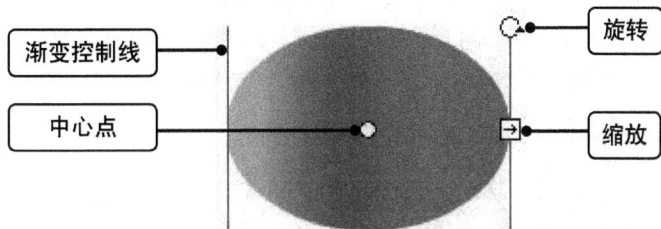

图3-39 用渐变变形工具选中的椭圆

（c）用鼠标单击并拖动位于两条渐变控制线之间的中心点控制手柄，可以移动渐变图形中心点的位置，如图3-40所示。

（d）用鼠标单击并拖动位于渐变控制线上的缩放手柄，可以调整填充的渐变大小，如图3-41所示。

（e）用鼠标单击并拖动位于渐变控制线上的旋转手柄，可以调整渐变控制线的倾斜方向，如图3-42所示。

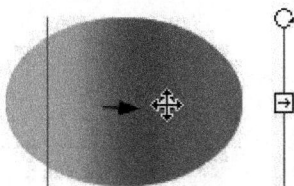

图3-40 移动渐变中心点位置　　　　图3-41 调整渐变大小　　　　图3-42 调整渐变控制线的倾斜方向

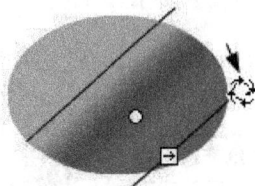

注　意

渐变变形工具调整的对象必须是渐变色或位图填充。

### （2）径向渐变填充

（a）创建一个新文档，选择椭圆工具，打开"颜色"面板，选择"径向渐变"填充类型，填充颜色从左到右依次设置为黄色、紫色和绿色，如图3-43（左图）所示；拖动鼠标，在舞台中绘制一个无边框的椭圆，如图3-43（右图）所示。

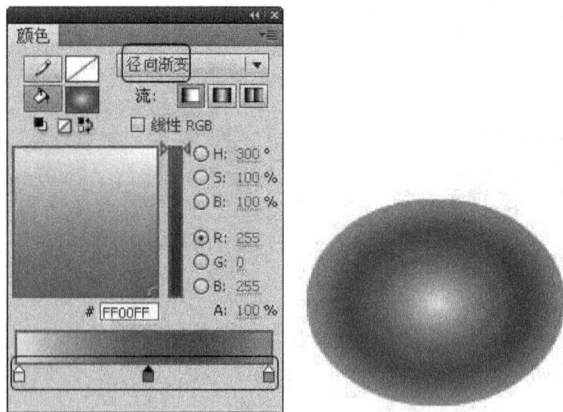

图3-43 设置颜色并绘制椭圆（二）

（b）选择渐变变形工具，并在椭圆的填充区内单击，在它的圆心和圆周上共有5个圆形或方形的控制点，其中具体各项功能如下。

- 圆环线：图形周围出现圆环线，这条圆环线被称为渐变控制线。
- 控制手柄：在填充对象的周围和中心出现数个调节控制手柄。对于椭圆对象来说，周围出现的控制手柄有焦点、中心点、旋转、半径和缩放手柄，如图3-44所示。

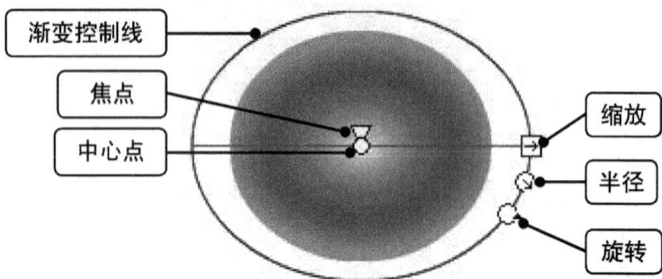

图3-44 带有控制圆环线的椭圆

（c）用鼠标单击并拖动位于渐变控制圆环线上的各个控制手柄，改变渐变填充的焦点和缩放填充色的效果如图3-45（左右图）所示；改变填充色半径和旋转填充色方向的效果如图3-46（左右图）所示。

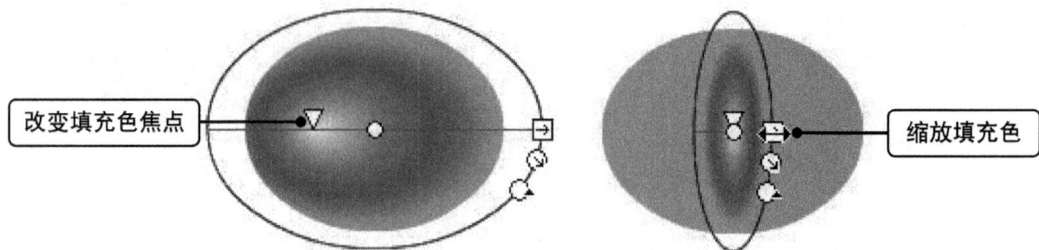

图3-45 改变填充色焦点和缩放填充色

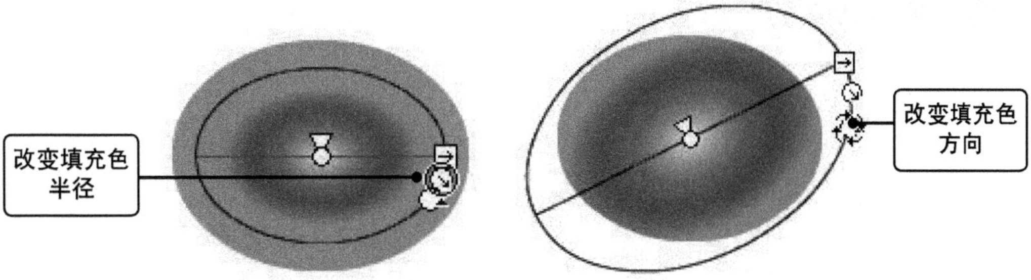

改变填充色半径

改变填充色方向

图3-46 改变填充色半径和方向

# 独立实践任务

## 任务三 ▶ 绘制樱桃图形

### 🔖 任务背景

用所学过的工具绘制一幅樱桃的简笔画，效果如图3-47所示。

### 🔖 任务要求

要求绘制出樱桃的新鲜和水灵感，绘制的笔画要流畅、自然、色泽明朗。

图3-47 简笔樱桃效果

【技术要领】用椭圆工具绘制基本图形；选择工具调整形状；填充渐变颜色；绘制长条矩形然后调整为樱桃梗；用刷子工具绘制反光部分。

【解决问题】图形绘制和颜色填充。

【素材来源】光盘\素材与源文件\模块03\任务03\樱桃.swf。

### 🔖 任务分析

主要制作步骤

---

---

---

---

---

---

---

---

---

# 职业技能知识点考核

## 1. 单项选择题

（1）墨水瓶工具可应用于（　　）。

A. 渐变色　　　　　　B. 纯色　　　　　　　C. 位图　　　　　　D. 矢量图

（2）颜料桶工具主要用于（　　）的填充。

A. 笔触　　　　　　　B. 闭合和非闭合区域　　C. 擦除线条

## 2. 多项选择题

（1）渐变变形工具可改变填充的（　　）和（　　）。

A. 渐变色的明亮度　　B. 渐变颜色　　　　　　C. 位图的大小　　　D. 纯色的颜色

（2）在"颜色"面板中可以设置的颜色类型为分别（　　）、（　　）和（　　）。

A. 径向渐变　　　　　B. 纯色　　　　　　　　C. 矢量图　　　　　D. 线性渐变

## 3. 判断题

（1）在Flash CS5中，对一个渐变色最多可以添加256种颜色。（　　）

（2）渐变变形工具调整的对象必须是渐变色或位图填充。（　　）

# 特殊效果的文本

本模块主要介绍文本工具的使用和属性的设置、特效文本的制作、将文本转换为矢量图形，以及如何对文本进行变形等操作。

## 能力目标

1. Flash动画中文本的分类和创建
2. 文本滤镜的添加

## 专业知识目标

1. 理解文本分类的概念
2. 学会使用文本工具创建文字
3. 学会设置文字属性
4. 学会为文本添加效果

## 课时安排

6课时（讲授4课时；实践2课时）

## 任务参考效果图

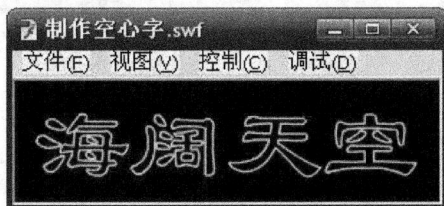

# 知识储备

01 02 03 04 05 06 07 08 09 10 11

## 知识一 传统文本类型

Flash CS5中可以创建3种类型的传统文本，即静态文本、动态文本和输入文本，一般情况下默认的是静态文本。

### 1. 静态文本

使用文本工具创建的文本为静态文本，该文本在影片播放过程中是不可以被修改的。

要创建静态文本，首先在工具箱中选择文本工具，然后在舞台中单击鼠标左键，在文本框中输入文本（也可以在舞台中拉出一个固定大小的文本框，在其中输入文本），书写好的静态文本是没有边框的，如图4-1（左图）所示。

### 2. 动态文本

动态文本是一种可编辑文本。动态文本框中的内容既可在影片制作过程中输入，也可以在影片播放过程中通过事件的激发进行输入，其中的奥妙是使用脚本语言对动态文本框中的文本进行了控制。

创建动态文本，在选择文本工具后，打开"属性"面板，在该面板的"文本类型"下拉列表中选择"动态文本"，拖动鼠标并在舞台上单击，然后在动态文本框中输入文本即可。书写好的动态文本将呈现一个黑色的虚线边框，如图4-1（中图）所示。

### 3. 输入文本

输入文本也是应用比较多的一种文本类型。应用输入文本可以使用户在影片播放过程中即时地输入文本。

要创建输入文本，在选择文本工具后，在"属性"面板中选择"输入文本"类型，然后在舞台上单击鼠标左键，在光标处进行文本输入。书写好的输入文本也将呈现一个黑色的虚线边框，如图4-1（右图）所示。

| | | |
|---|---|---|
| 蝴蝶飞 | 蝴蝶飞 | 蝴蝶飞 |
| 静态文本 | 动态文本 | 输入文本 |

图4-1 不同文本类型的外观

## 知识二 传统文本操作

### 1. 创建文本

静态文本是在动画制作阶段创建的，在动画播放阶段不能改变的文本。在静态文本框中可以创建横排或竖排文本。

（1）运行Flash CS5，创建一个新文档。选择文本工具，选择"窗口">"属性"命令，打开"属性"面板，在"文本引擎"下拉列表中选择"传统文本"，在"文本类型"下拉列表中选择"静态文本"。继续在"属性"面板中设置字体、字体大小、字体颜色，如图4-2（左图）所示。

（2）移动鼠标并在舞台上单击，在文本框中输入文字"蝴蝶飞"，如图4-2（右图）所示。

图4-2 设置并输入文本

（3）在选中文本或选中部分文本的情况下，可以对所选中的文本进行属性设置，比如设置字体、字号、字色等，如图4-3所示。

图4-3 选中部分文本

## 2．分离文本

文字不是矢量图形，某些操作不能直接作用于文本对象，比如为文本填充渐变颜色或位图、添加边框以及调整文本的外观等。如果要对文本对象进行上述操作，首先需要将文本分离，使其具有和矢量图形相似的属性。

（1）创建一个新文本，选择文本工具，在文本框中输入文字"蝴蝶飞"，如图4-4所示。

（2）选中文字，选择"修改">"分离"命令（分离文本的快捷键为Ctrl+B），将原来一个文本框拆成数个文本框，每个文字各占一个，如图4-5所示。

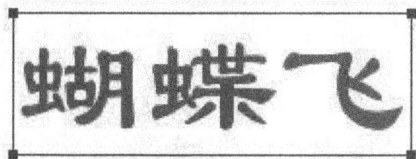

图4-4 输入文字

图4-5 第一次分离后的文本

（3）再一次选择"修改">"分离"命令，将所有的文字将转换为矢量图形，图形呈现为麻点外观，如图4-6所示。

图4-6 第二次分离后转换为矢量图形

**注　意**

　　把文字分离的过程也称为"打散"。　文字的分离过程是不可逆的，一旦被分离就不可以作为文本进行编辑，比如字体的改变、段落设置等，也就是说，分离后的文本不能再返回文本状态。

### 3．编辑文本的矢量图形

　　文字转换成矢量图形后，可以对其进行填充着色、添加边框线和变形等操作。

　　（1）选中文本矢量图形，选择"窗口"＞"颜色"命令，打开"颜色"面板，在该面板中选择"径向渐变"填充类型，在颜色编辑栏中添加色标，将填充颜色从左到右分别设置为紫色、蓝色、绿色和红色，如图4-7（左图）所示；改变填充后的文字矢量图形如图4-7（右图）所示。

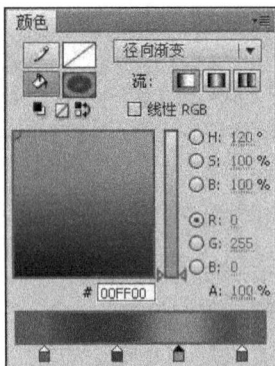

图4-7　为矢量图形填充颜色

　　（2）利用选择工具，用框选的方法选中所有（或部分）文字图形，然后选择任意变形工具的"扭曲"辅助项（或旋转与倾斜、缩放、封套等项），当文字四周出现控制点后，即可任意地拉伸使其变形，如图4-8所示。

图4-8　为文本矢量图形添加边框并任意变形矢量图形

# 模拟制作任务

## 任务一　制作空心字

### 🔖 任务背景

　　文字是动画中重要的组成部分，利用文本工具可以在Flash影片中添加各种文字。一个完美的动画需要一定的文字来修饰，而文字的表现形式是非常丰富的。因此，合理的使用文本工具，可以增强动画效果的完美感。空心字的效果如图4-9所示。

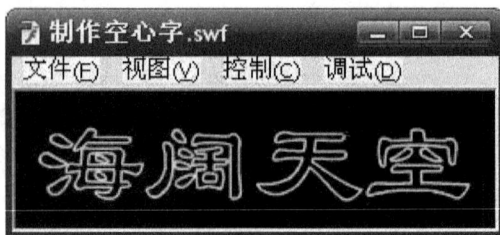

图4-9　空心字效果

## 任务要求

为动画创建一组空心字体，以完善动画效果。

## 任务分析

利用文本工具书写文字，执行"分离"命令将文字转换为矢量图形，利用墨水瓶工具对文本图形进行描边，然后将填充色擦除。

## 重点、难点

① 文本工具属性的设置和使用。

② "分离"命令的应用。

③ 墨水瓶工具属性的设置和使用。

【技术要领】用文本工具；"分离"命令；墨水瓶工具。
【解决问题】学会创建文本，将文本转换为矢量图形，以及运用墨水瓶工具。
【素材来源】光盘\素材与源文件\模块04\任务1\制作空心字.swf。
【视频教程】光盘\视频教程\模块04\制作空心字.avi。

## 操作步骤详解

### 创建文档

**Step 01** 运行Flash CS5，创建一个新文档，修改舞台背景颜色为黑色，其他属性选项保持默认。

**Step 02** 选择"文件">"保存"命令，将文档保存到"素材与源文件\模块04\任务1"文件夹下，并将文件命名为"制作空心字.fla"。

### 创建文字

**Step 03** 选择文本工具，选择"窗口">"属性"命令，打开"属性"面板，在该面板中设置工具属性（任意设置），用鼠标单击舞台，在文本框中输入"海阔天空"4个字，如图4-10所示。

**Step 04** 选中舞台中的文本，选择"窗口">"对齐"命令，打开"对齐"面板，利用"对齐"面板使文本相对于舞台居中对齐。

### 编辑文字

**Step 05** 选中文本，两次选择"修改">"分离"命令，将文本转换为矢量图形（呈现麻点状），如图4-11所示。

图4-10 输入文字

图4-11 分离文本

**Step 06** 拖动鼠标，在舞台中单击一下，使得舞台中的文字不被选中。选择墨水瓶工具，打开"属性"面板，在该面板中设置笔触颜色为黄色、笔触高度为1.50，如图4-12所示。

**Step 07** 拖动鼠标，在每个字的边缘单击，为文字描边的效果如图4-13所示。

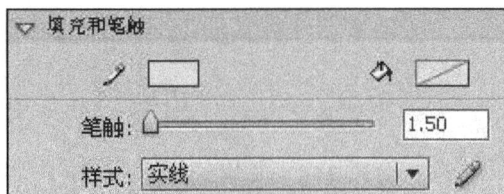

图4-12 "墨水瓶工具"属性面板

图4-13 为文字描边

**Step 08** 选中橡皮擦工具，并在其辅助选项中选择"擦除填色"选项，如图4-14所示；用鼠标在文本中拖动，将文本的内部颜色擦除，效果如图4-15所示。

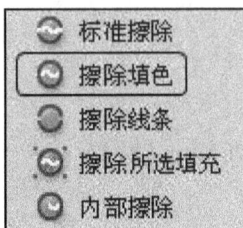

图4-14 橡皮擦工具辅助选项

图4-15 空心字

**Step 09** 制作完毕后，保存文件，按Ctrl+Enter组合键，浏览和测试效果。

## 任务二　文字阴影效果

### 🐟 任务背景

为文字添加阴影效果有多种方法，除了常规的添加方法外，还可以利用滤镜添加。该任务利用两种方法为文字添加阴影效果，效果如图4-16所示。

### 🐟 任务要求

为文本添加阴影效果。

图4-16 文字阴影效果

### 🐟 任务分析

利用文本工具输入文字，执行"复制"命令，创建新图层，在新图层中执行"粘贴"命令，移动新图层中的文本若干个像素，拖动图层到新的位置。

### 🐟 重点、难点

① 文本工具属性的设置和使用。

② 新图层的创建，图层的移动。

③ "复制/粘贴"命令的运用。

④ 滤镜的应用。

【技术要领】用文本工具；"复制/粘贴"命令；新建图层。

【解决问题】学会创建文本，使用Flash中命令的操作，以及创建新图层。

【素材来源】光盘\素材与源文件\模块04\任务2\文字阴影效果.swf。

【视频教程】光盘\视频教程\模块04\文字阴影效果.avi。

## 创建文档

**Step 01** 运行Flash CS5，创建一个新文档，选择"修改">"文档"命令，打开"文档设置"对话框。在该对话框中修改舞台尺寸为400×250（像素），其他属性选项保持默认。

**Step 02** 选择"文件">"保存"命令，将文档保存到"素材与源文件\模块04\任务2"文件夹下，并将文件命名为"文字阴影效果.fla"。

## 创建文字

**Step 03** 选择文本工具，打开"属性"面板，在该面板中设置文本属性（任意设置），拖动鼠标，在文本框中输入"蝴蝶飞"3个字，然后选中文本，利用"对齐"面板，使文本相对于舞台居中对齐，如图4-17所示。

**Step 04** 选中文本，单击鼠标右键，在弹出的快捷菜单中选中"复制"命令。

## 创建新图层

**Step 05** 单击图层下方的"新建图层"按钮，插入一个命名为"图层2"的新图层，如图4-18所示。

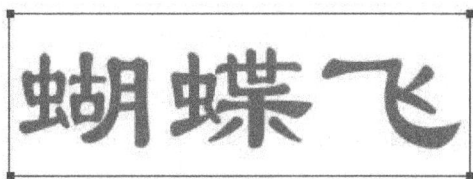

图4-17 输入文本

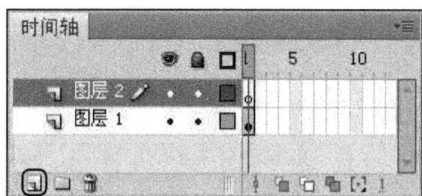

图4-18 插入新图层

**Step 06** 选中"图层2"的第一帧，选择"编辑">"粘贴到当前位置"命令，粘贴刚才复制的文字。选中所复制的文字，在"属性"面板中将文本修改为黑色，效果如图4-19（左图）所示。

**Step 07** 利用键盘上的方向键，将复制的文本向右移动3个像素，再向下移动3个像素，文本效果如图4-19（右图）所示。

图4-19 复制并移动文本

**Step 08** 用鼠标左键按住"图层2"拖动，将其拖放到"图层1"的下方，如图4-20（左图）所示；最终的文本如图4-20（右图）所示。

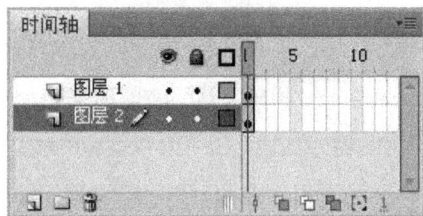

图4-20 图层与文本

**Step 09** 制作完毕后，保存文件，按Ctrl+Enter组合键，浏览和测试效果。

## 利用滤镜创建文本阴影效果

**Step 10** 执行 **Step 03** 的操作步骤，创建文本，并使文本相对于舞台居中对齐。

**Step 11** 选中文本，选择"窗口" > "属性"命令，打开"属性"面板，拖动滚动条到面板的最下方，选择"滤镜"，打开"滤镜"面板，单击"添加滤镜"按钮，弹出滤镜菜单，如图4-21所示。

**Step 12** 在滤镜菜单中选择"投影"选项，此时舞台中的文本即可被添加阴影效果，如图4-22所示。

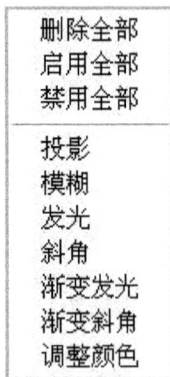

图4-21 滤镜菜单

图4-22 添加滤镜效果的文本

> **提 示**
>
> 在"投影"效果中有诸多的设置项，可以通过设置达到预期的效果。

# 知识点拓展

## ❶ TLF文本类型和功能

从Flash CS5开始，用户可以使用文本布局框架（TLF）向Flash文件添加文本。TLF支持更多的文本布局功能性，可以对文本属性进行精细控制。

### （1）TLF文本的类型

选择文本工具后，打开"属性"面板，在"文本引擎"下拉列表中选择"TLF文本"选项，然后单击"文本类型"下三角按钮，在下拉列表中列出了使用TLF文本可创建的文本块共有3种类型，如图4-23所示。

图4-23 TLF文本的3种类型

- 只读：当作为SWF文件发布时，文本无法选中或编辑。
- 可选：当作为SWF文件发布时，文本可以选中并可复制到剪贴板，但不可以编辑。对于TLF文本，此设置为默认设置。
- 可编辑：当作为SWF文件发布时，文本可以选中编辑。

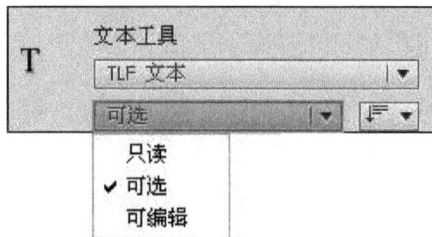

（2）TLF文本的增强功能

与传统文本相比，TLF文本提供了下列增强功能。

（a）更多字符样式，包括行距、连字、加亮显示、下画线、删除线、大/小写、数字格式及其他。

（b）多段落样式，包括通过栏间距支持多列、末行对齐选项、边距、缩进、段落间距和容器填充值。

（c）控制更多亚洲字体属性，包括直排内横排、标点挤压、避头尾法则类型和行距类型。

（d）可以为TLF文本应用3D旋转、色彩效果以及混合模式等属性，而无须将TLF文本放置在影片剪辑元件中。

（e）文本可按顺序排列在多个文本容器中，这些容器被称为串接文本容器或链接文本容器。

（f）能够针对阿拉伯语和希伯来语文字创建从右到左的文本。

（g）支持双向文本，其中从右到左的文本可包含从左到右文本的元素。当遇到在阿拉伯语或希伯来语文本中嵌入英语单词或阿拉伯数字等情况时，此功能必不可少。

## ❷ 滤镜

使用滤镜可以轻松制作出各种炫目的文字特效，为此Flash CS5中提供了投影、模糊、发光、斜角、渐变发光、渐变斜角和调整颜色共7种内置滤镜效果。

> **注　意**
>
> 滤镜功能只能适用于文本、影片剪辑和按钮，当无法为所选对象应用滤镜时，"滤镜"面板中的"添加滤镜"按钮处于灰色不可选状态。另外，在为对象添加滤镜后，可以随时改变其参数的设置，并且可以为同一个对象添加多个滤镜效果。

（1）投影滤镜

投影滤镜的效果类似于Photoshop中的投影效果，可控参数有模糊、强度、品质、角度、距离、挖空、内阴影、隐藏对象和颜色等。"投影"滤镜面板如图4-24所示。其中各项功能如下。

- 模糊：指定投影的模糊程度，可分别对X轴和Y轴两个方向设置，取值范围为0～100。如果单击"模糊X"和"模糊Y"后的"锁定"按钮，可以解除X轴、Y轴方向的比例锁定。
- 强度：设置投影的强烈程度，取值范围为0%～1000%。数值越大，投影的显示越清晰、强烈。
- 品质：设置投影的品质高低。可以选择"高"、"中"、"低"3项参数，品质越高，投影越清晰。
- 角度：设置投影的角度，取值范围为0°～360°。
- 距离：设置投影的距离大小，取值范围为－32～32。
- 挖空：将投影作为背景的基础上，挖空对象的显示。
- 内阴影：设置阴影的生成方向指向对象内侧。
- 隐藏对象：只显示投影，而不显示原来的对象。
- 颜色：设置投影的颜色。单击颜色块，可以打开调色板，选择颜色。

（2）模糊滤镜

模糊滤镜可以柔化对象的边缘和细节。将模糊应用于对象，可以让它看起来好像位于其他对象的后面，或者使对象看起来好像是处于运动状态，"模糊"滤镜面板如图4-25所示。

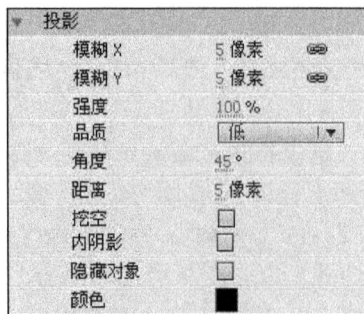

图4-24 "投影"滤镜面板

图4-25 "模糊"滤镜面板

（3）发光滤镜

选择发光滤镜可以为对象的整个边缘添加颜色，可控参数有模糊、强度、品质、颜色、挖空和内发光等。"发光"滤镜面板如图4-26所示。其中（与上述滤镜相同的部分参数功能不再赘述）各项功能如下。

- 颜色：设置发光颜色。
- 挖空：选中该复选框，可将对象隐藏，只显示发光。
- 内发光：选中该复选框，可使对象只在边界内应用发光。

（4）斜角滤镜

使用斜角滤镜可以向对象应用加亮效果，并且可以制作出立体的浮雕效果，可控参数主要有模糊、强度、品质、阴影、加亮显示、角度、距离、挖空和类型等。"斜角"滤镜面板如图4-27所示。各项功能如下。

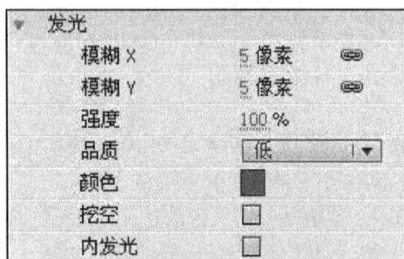

图4-26 "发光"滤镜面板

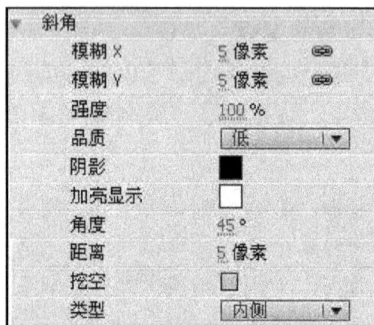

图4-27 "斜角"滤镜面板

- 阴影：设置斜角的阴影颜色，可以在调色板中选择颜色。
- 加亮显示：设置斜角的高光加亮。如图4-28所示，在选定角度和类型后为文本加亮，加亮的颜色在"颜色"调色板中拾取。

图4-28 加亮文本

- 类型：设置斜角的应用位置，可以是内侧、外侧和整个。如果选择整个，则在内侧和外侧同时应用斜角效果。

### （5）渐变发光滤镜

渐变发光滤镜的效果和发光滤镜的效果基本一样，只是用户可以调节发光的颜色为渐变颜色，还可以设置角度、距离和类型等。"渐变发光"滤镜面板如图4-29所示。其中各项功能如下。

- 类型：设置渐变发光的应用位置，可以是内侧、外侧或全部。
- 渐变：该渐变色编辑栏是控制渐变颜色的工具，默认情况下为白色到黑色的渐变。将鼠标指针移动到色条上，如果出现了带加号的鼠标指针，则表示可以在此处增加新的颜色控制点，如图4-30所示。如果要删除颜色控制点，只需拖动它到相邻的一个控制点上，当两个点重合时，就会删除被拖动的控制点。单击控制点上的颜色块，会弹出系统调色板，让用户选择要改变的颜色。

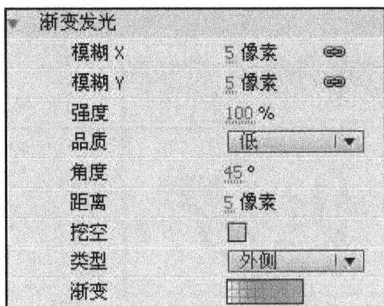

图4-29 "渐变发光"滤镜面板　　　　　　图4-30 渐变色编辑栏

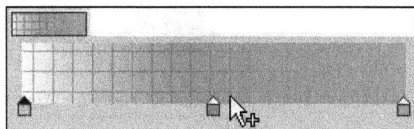

### （6）渐变斜角滤镜

使用渐变斜角滤镜同样也可以制作出比较逼真的立体浮雕效果，可控参数与斜角滤镜的相似。所不同的是，它能更精确地控制斜角的渐变颜色，"渐变斜角"滤镜面板如图4-31所示。

### （7）调整颜色滤镜

调整颜色滤镜允许用户对影片剪辑、文本或按钮进行颜色调整，比如亮度、对比度、饱和度和色相等。"调整颜色"滤镜面板如图4-32所示。其中各项功能如下。

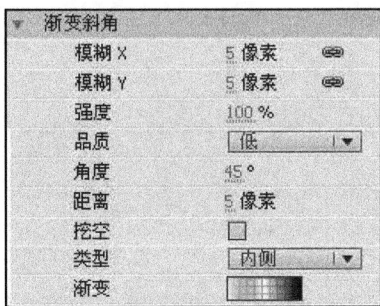

图4-31 "渐变斜角"滤镜面板　　　　　　图4-32 "调整颜色"滤镜面板

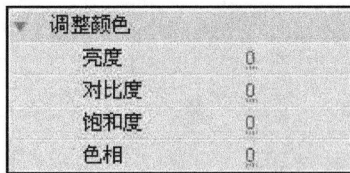

- 亮度：调整对象的亮度。取值范围为−100～100，向左拖动滑块可以降低对象的亮度；向右拖动可以增强对象的亮度。
- 对比度：调整对象的对比度。取值范围为−100～100，向左拖动滑块可以降低对象的对比度；向右拖动可以增强对象的对比度。
- 饱和度：设置色彩的饱和程度。取值范围为−100～100，向左拖动滑块可以降低对象中包含颜色的浓度；向右拖动可以增加对象中包含颜色的浓度。

- 色相：调整对象中各种颜色色相的浓度，取值范围为－180～180，对色相的控制没有Photoshop准确。

# 独立实践任务

## 任务三 为文本添加滤镜效果

### 📚 任务背景

自从Flash 8增加了滤镜功能以来，为文本添加滤镜效果的方法被广泛采纳，绚丽多彩的文字造型和色彩无疑为动画增添了神秘或新鲜感。书写文字，为文本添加多个滤镜效果，如图4-33所示。

图4-33 为文本添加滤镜效果

### 📚 任务要求

① 文档尺寸为550×200（像素）。

② 创建文本，任意设置颜色、字体、字号。

③ 尝试为文本添加多个滤镜，观察其效果。

④ 保存文档。

【技术要领】舞台尺寸；文本创建；滤镜效果。
【解决问题】文本创建和滤镜的添加。
【素材来源】光盘\素材与源文件\模块04\任务3\为文本添加滤镜效果.swf。

### 📚 任务分析

◆ 主要制作步骤

----

----

----

----

----

----

----

----

# 职业技能知识点考核

## 1．单项选择题

（1）默认的情况下，使用文本工具创建的文本框为（    ）文本。

A．静态　　　　　　　B．TLF　　　　　　　C．动态　　　　　　　D．输入

（2）（    ）滤镜可以调整对象的亮度、对比度、色相和饱和度。

A．投影　　　　　　　B．模糊　　　　　　　C．颜色调整　　　　　　D．放光

## 2．多项选择题

（1）TLF文本可创建的文本块共有（    ）、（    ）和（    ）类型。

A．只读　　　　　　　B．动态　　　　　　　C．可选　　　　　　　D．可编辑

（2）投影滤镜模糊程度的取值范围为（    ），投影的品质越（    ），投影越清晰，投影角度的取值范围为（    ）。

A．高　　　　　　　B．0°~100°　　　　　　C．低　　　　　　　D．0°~360°

## 3．判断题

（1）Flash CS5中不将文本分离也可以对文字进行修改。（    ）

（2）滤镜功能只能适用于文本、影片剪辑和按钮，当无法为所选对象应用滤镜时，"滤镜"面板中的"添加滤镜"按钮处于灰色不可选状态。（    ）

模块
## 05
# 制作逐帧动画

通过学习制作简单的帧动画，理解帧动画的原理，了解Flash中帧的3种类型，掌握帧的操作，能够应用逐帧动画的方式制作一些简单效果。

## 能力目标

1．Flash动画中3种帧的操作
2．能够制作简单逐帧动画

## 专业知识目标

1．理解帧的概念
2．理解逐帧动画的原理
3．了解绘图纸工具的功能
4．了解图层和图层的操作

## 课时安排

6课时（讲授4课时；实践2课时）

## 任务参考效果图

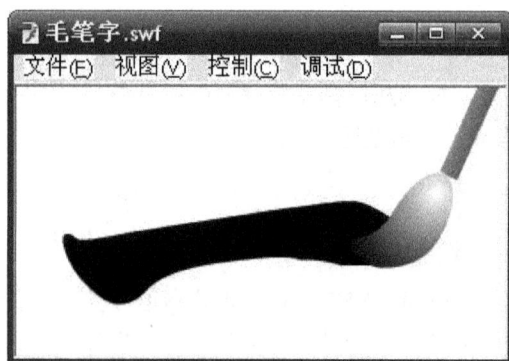

# 知识储备

在所有的动画制作软件中，时间轴是制作动画的核心，所有的动画顺序、动作行为、控制命令以及声音等都是在时间轴中进行编排的。

时间轴是对帧和图层操作的区域，主要作用是组织和控制动画在一定时间内播放的图层数和帧数，并可以对图层和帧进行编辑。"时间轴"面板位于工作场景的上方，主要分为图层编辑区、帧编辑区、辅助工具栏及状态栏，面板的右侧有一个展开菜单按钮▨，如图5-1所示。

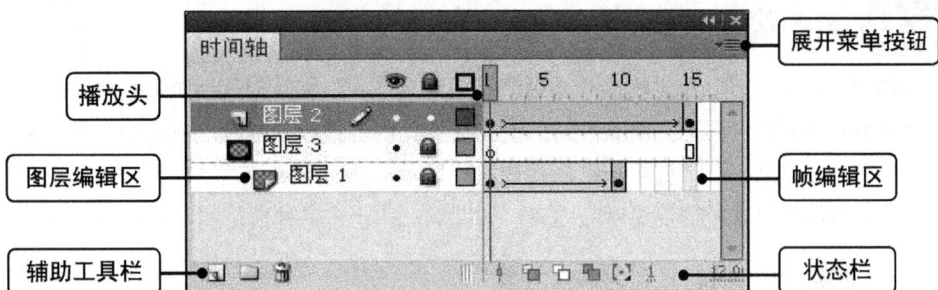

图5-1 "时间轴"面板

下面对"时间轴"面板中主要组成部分分别进行介绍。

- 帧编辑区：帧是动画最基本的单位，大量的帧结合在一起就构成了时间轴。帧编辑区的主要作用就是控制Flash动画的播放和对帧进行编辑。
- 播放头：时间轴中红色的指针被称为播放头，是用来指示当前所在帧的。在舞台中按Enter键，即可在编辑状态下运行影片，此时播放头也会随着影片播放而向右侧移动，指示出播放到的位置。
- 移动播放头：如果正在处理大量的帧，所有的帧无法一次全部显示在时间轴上，则拖动播放头沿着时间轴移动，即可定位到目标帧。拖动播放头时，它会变成黑色竖线。
- 播放头的移动范围：播放头的移动是有一定范围的，最远只能移动到时间轴中定义过的最后一帧，不能将播放头移动到未定义过帧的时间轴范围内。
- 图层编辑区：图层在动画中起到了很重要的作用，由于动画都是由多个图层组成的，因此可以在图层编辑区进行插入图层、删除图层、更改图层叠放次序等操作。

### 注 意

新建一个文档后，时间轴中将自动包含一个名为"图层1"的新图层。

- 辅助工具栏及状态栏：位于时间轴的最下方，其中包括基本操作工具和对帧进行编辑时用到的辅助工具，以及状态信息。在状态栏中将显示所选的帧编号、当前帧频及到当前帧为止的运行时间，如图5-2所示。

图5-2 辅助工具栏及状态栏

- 展开菜单按钮 ≡：单击时间轴面板右侧的展开菜单按钮，弹出下拉菜单，如图5-3所示。在该下拉菜单中可以对"时间轴"面板的显示方式等进行设置。
- 很小、小、标准、中和大：用来设置帧的显示状态，系统默认为"标准"状态。
- 预览：勾选该选项后，关键帧中的图形将以缩略图的形式显示在帧中，便于创建者查看帧中的对象。
- 关联预览：勾选该选项后，帧中将显示对象在舞台中的位置，便于创建者查看对象在整个动画过程中的位置变化。

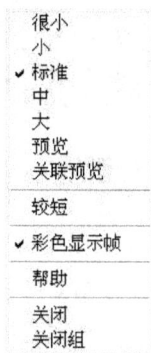

图5-3 展开的下拉开菜单

## 知识二 ▶帧的类型和表示方法

帧是创建动画的基础，也是构成动画最基本的元素之一。帧是创建动画最基本的单位，不同的帧代表着不同的时刻，画面是随着时间的变化而变化的。播放动画时，就是将一幅一幅图片按照一定的顺序排列起来，然后依照一定的播放速率显示，从而形成了动画，因此动画也被人们称为帧动画。帧中可以包含所需要显示的内容，如图形、声音、各种素材和其他多种对象。

### 1．普通帧

普通帧就是不起关键作用的帧，也被称为空白帧。其中的内容与它前面关键帧的内容相同，在时间轴中是以灰色区域表示的，两个关键帧之间的灰色帧都是普通帧，如图5-4所示。

**提 示**

普通帧起到关键帧之间的缓慢过渡作用。在制作动画时，如果想延长动画的播放时间，可以在动画中添加普通帧，以延续上一个关键帧的内容，所以普通帧又称延长帧。另外，普通帧上是不可以添加帧动作脚本的。

### 2．关键帧

关键帧是用来描述动画中关键画面的帧，或者说是能改变内容的帧。每个帧的画面都不同于前一个，这样的帧称为关键帧。如图5-4所示的实心黑色圆圈代表的帧就是关键帧，在黑色圆圈后出现的灰色区域就是普通帧。

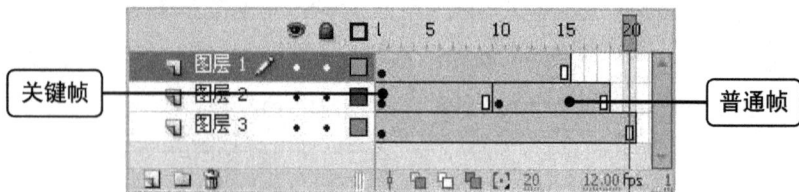

图5-4 普通帧和关键帧

**提 示**

利用关键帧的方法制作动画，可以大大简化制作过程。只要确定动画中的对象在开始和结束两个时间的状态，并为它们绘制出开始和结束帧，Flash CS5会自动通过插帧的方法计算生成中间帧的状态。由于开始帧和结束帧决定了动画的两个关键帧状态，所以它们就被称为关键帧。

## 3. 空白关键帧

空白关键帧的内容是空的，它主要起到两个作用。

- 当插入一个空白关键帧时，它可以将前一个关键帧的内容清除，画面的内容变成空白，目的就是使动画中的对象消失，画面与画面之间形成间隔。
- 在空白关键帧上创建新的内容，一旦被添加了新的内容，即可转换为关键帧。空白关键帧是以空心的小圆圈表示的，如图5-5所示。

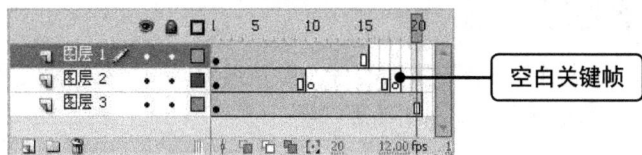

图5-5 空白关键帧

## 4. 帧在时间轴中的表示方法

在Flash CS5中，不同的动画形式其帧的显示状态也有所不同，因此通过时间轴中帧的不同表示，就可以区别该动画是哪类动画或哪类状况。

- 当时间轴中有连续的关键帧出现，表示该动画为创建成功的逐帧动画，如图5-6所示。
- 当开始关键帧和结束关键帧用一个黑圆圈表示，中间补间帧为淡紫色背景并被一个黑色箭头贯穿时，表示该动画为设置成功的传统补间动画，如图5-7所示。

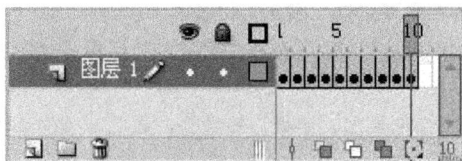

图5-6 逐帧动画

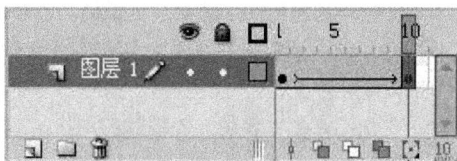

图5-7 传统补间动画

- 当起始关键帧和结束关键帧用一个黑圆点表示，中间补间帧为淡绿色背景并被一个黑色箭头贯穿时，表示该动画为设置成功的补间形状动画，如图5-8所示。
- 当起始关键帧为一个黑色圆点表示，结束关键帧为一个黑色小菱形表示，中间补间帧为淡蓝色背景，表示该动画为设置成功的补间动画，如图5-9所示。

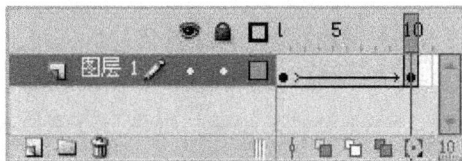

图5-8 创建补间形状动画

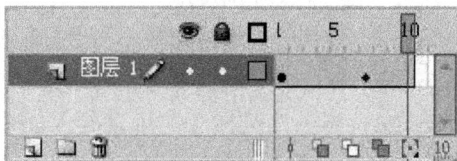

图5-9 创建补间动画

- 当开始关键帧和结束关键帧之间显示为一条无箭头的虚线时，表示该动画创建不成功，如图5-10所示。
- 当关键帧上添加了"a"标记，表示该关键帧中已被添加脚本语句，如图5-11所示。

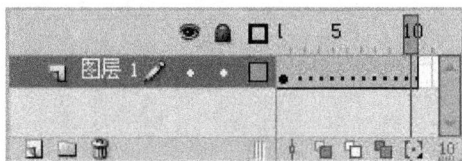

图5-10 创建动画失败

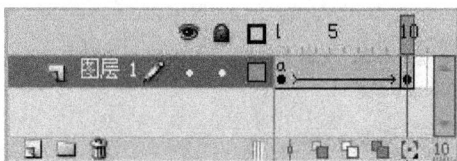

图5-11 关键帧已被添加脚本语句

- 当关键帧上有一面小红旗或两条绿色斜杠标记，表示该关键帧中被添加了标签或标注（又称为帧标签或帧标注），如图5-12中的开始帧和中间帧所示。

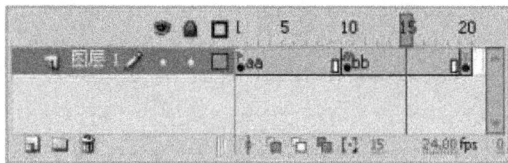

图5-12 帧标签、帧标注

## 知识三 逐帧动画

Flash CS5动画可以分为两大类，一类是逐帧动画，另一类是补间动画，而补间动画又可以分为形状补间动画和运动补间动画两类。

### 1．逐帧动画的概念

逐帧动画是最基本、最传统的动画形式，由一个一个的帧制作而成，每一个帧中都是一个单独的画面，每个帧都互不干涉且都是关键帧。整个动画过程就是通过这些关键帧连续变换而形成的，好像电影画面一样。

逐帧动画的创建还有一种形式，就是利用已经有的或在其他软件中制作的一系列图片，或是网上常见的GIF动画文件，直接导入后生成逐帧动画。

### 2．逐帧动画的特点

- 逐帧动画的每一个帧都是关键帧，每个帧的内容都需要编辑，因此工作量很大。
- 逐帧动画是由许多单独的关键帧组合而成的，每个关键帧都可以单独编辑，并且相邻帧中的对象变化不大。
- 逐帧动画适合表现一些细腻的动作，如3D效果、面部表情、走路、转身等，因此，创建逐帧动画要求用户有比较强的逻辑思维和一定的绘画功底。

### 3．逐帧动画的创建方法

在Flash CS5中，创建逐帧动画的方法主要包括以下4种。

**方法1**：利用静态图片创建逐帧动画。将.jpg、.png等格式的静态图片连续导入Flash软件中，就会创建一段逐帧动画。

**方法2**：绘制矢量逐帧动画。利用鼠标在场景中一帧一帧地绘制出帧的内容。

**方法3**：制作文字逐帧动画。利用文字作为帧中的元件，实现文字跳跃、旋转等特效。

**方法4**：导入序列图像。可以导入GIF序列图像、SWF动画文件或利用第三方软件（如Swish、Swift 3D等）产生动画序列。

# 模拟制作任务

## 任务一 制作倒计时动画

### ◈ 任务背景

制作一个倒计时动画，动画中的数字由9变到1，每隔1秒钟变化一次，效果如图5-13所示。

### ◉ 任务要求

通过本任务学会向"时间轴"面板中添加关键帧，并在相应的帧上输入数字，要求计时动作要连贯。

### ◉ 任务分析

在一些Flash动画作品中，经常看到一些非常连贯的动作效果（如人走路、人物飘逸的头发等）出现，动画流畅而细腻，这都是逐帧动画的功劳。

### ◉ 重点、难点

① 图形的绘制。

② "对齐"面板的运用。

③ 空白关键帧的创建。

④ "分离"命令的应用。

⑤ 图层的创建。

图5-13 倒计时动画效果

【技术要领】空白关键帧的添加；"对齐"面板的运用；"分离"命令的应用；创建图层。

【解决问题】连续动作制作。

【素材来源】光盘\素材与源文件\模块05\任务1\倒计时动画.swf。

【视频教程】光盘\视频教程\模块05\倒计时动画.avi。

## 操作步骤详解

### 创建文档

**Step 01** 运行Flash CS5，创建一个新文档。修改帧频为1.00f/s、舞台尺寸为400×300（像素），其他属性选项保持默认，单击"确定"按钮，如图5-14所示。

**Step 02** 选择"文件">"保存"命令，将新文档保存到"素材与源文件\模块05\任务1"文件夹下，并为文档命名为"倒计时动画.fla"。

### 绘制图形

**Step 03** 选择"视图">"标尺"命令，在舞台中拖动标尺添加交叉的辅助线效果，如图5-15所示。

图5-14 设置文档属性

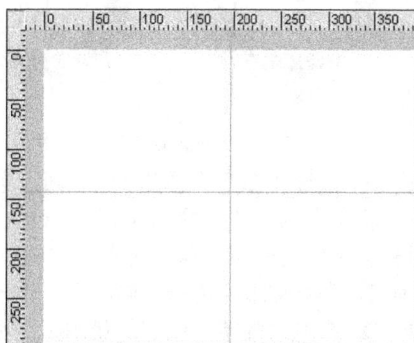

图5-15 添加标尺辅助线

**Step 04** 选择椭圆工具，拖动鼠标至辅助线的中心点，当鼠标指针呈淡红色十字状时，按Alt键并拖动鼠标，在辅助线的中心绘制一个红色边框、黄色填充颜色的圆，如图5-16所示。

**Step 05** 再选择椭圆工具，拖动鼠标，在黄色的圆中间绘制一个黑色边框、深紫色的小圆，并利用"对齐"面板使其相对于舞台居中对齐，如图5-17（左图）所示。使用同样的方法，在紫色圆中绘制白色圆形，如图5-17（右图）所示。

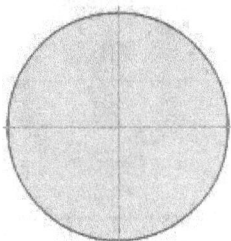

图5-16 绘制图形（一）                    图5-17 绘制图形（二）

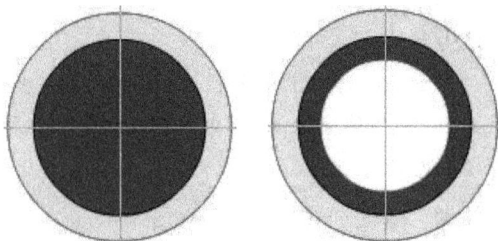

**Step 06** 选择线条工具，在"属性"面板中设置笔触颜色为黑色、笔触高度为2.00，如图5-18所示。

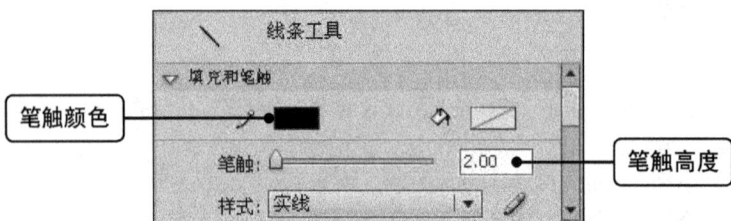

图5-18 设置工具属性

**Step 07** 拖动鼠标沿辅助线绘制相交实线，将舞台中的标尺线移除，如图5-19（左图）所示。

**Step 08** 选中舞台中的全部对象，按Ctrl+G组合键（或选择"修改">"组合"命令）将选中的对象组合为一个整体，如图5-19（右图）所示。

## 创建动画

**Step 09** 双击"图层1"的名称处，将其重新命名为"背景"。选中第15帧，按F5键，插入延长帧。单击"新建图层"按钮，插入新图层，新图层"时间轴"中的帧会自动将帧延长到第15帧，将新图层更名为"数字"，此时的"时间轴"面板如图5-20所示。

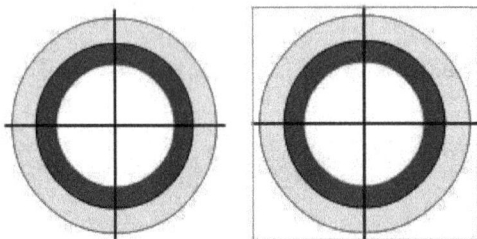

图5-19 绘制相交实线并将图形组合              图5-20 "时间轴"面板

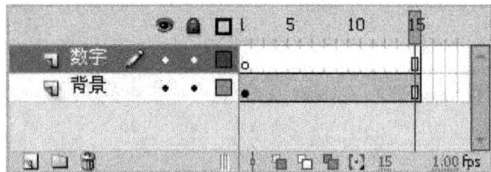

**Step 10** 选择"数字"图层的第1帧，选择文本工具，在文本框中输入数字9，在"属性"面板中，将文本的字体设置为Arial Black、文本大小设置为96点、颜色设置为黑色，利用"对齐"面板使其相对于舞台居中对齐，如图5-21（左图）所示。

**Step 11** 选中文本，选择"修改">"分离"命令，将文字打散，如图5-21（中图）所示。

**Step 12** 选中"数字"图层的第2帧，按F7键，插入空白关键帧；选择文本工具，将数字更改为8，选择"分离"命令，将文字打散，如图5-21（右图）所示。

图5-21 输入数字并分离数字

**Step 13** 重复以上的步骤，在第3帧处插入空白关键帧，将文本修改为7，在第4帧处插入空白关键帧，将文本修改为6，依此类推，直到将第10帧的文本修改为0，此时的"时间轴"面板如图5-22所示。

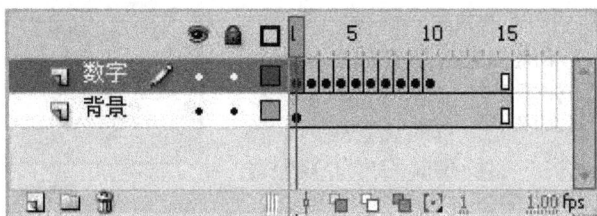

图5-22 修改后的"时间轴"面板

**Step 14** 制作完毕，选择"文件">"保存"命令，按Ctrl＋Enter组合键，输出并测试动画效果。

## 任务二 制作毛笔字动画

### 📚 任务背景

制作一个使用毛笔写字的动画，如图5-23所示。

### 📚 任务要求

通过本任务的学习，熟悉逐帧动画的创建，要求运笔自然、动作要连贯，符合书写毛笔字的规律。

### 📚 任务分析

创建逐帧动画。

### 📚 重点、难点

① 文本工具的使用。

② 定义线性渐变和径向渐变。

③ 创建图形元件。

④ 图层的创建。

⑤ 创建逐帧动画和运动补间动画。

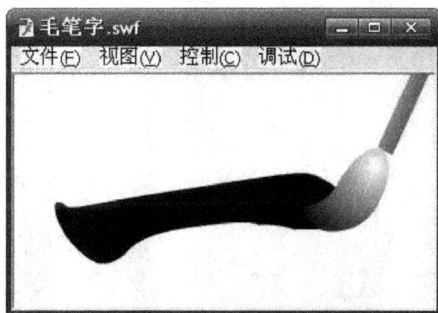

图5-23 毛笔字动画效果

【技术要领】创建元件；任意变形工具的应用；文本工具的应用；"分离"命令的应用；创建新图层；创建补间动画。

【解决问题】连续动作制作。

【素材来源】光盘\素材与源文件\模块05\任务2\毛笔字动画.swf。

【视频教程】光盘\视频教程\模块05\毛笔字动画.avi。

## 操作步骤详解

### 创建文档

**Step 01** 运行Flash CS5，创建一个新文档，保持默认属性选项。

**Step 02** 选择"文件">"保存"命令，将新文档保存到"素材与源文件\模块05\任务2"文件夹下，并为文档命名为"毛笔字动画.fla"。

### 创建元件

**Step 03** 选择"插入">"新建元件"命令，创建一个名为"毛笔"的图形元件，单击"确定"按钮，如图5-24所示，进入元件编辑状态。

**Step 04** 选择矩形工具，打开"颜色"面板，在该面板中选择"线性渐变"填充类型，填充颜色从左到右为浅灰色和深黄色，如图5-25（左图）所示。移动鼠标，在舞台上绘制一个无边框的长条矩形，作为"笔杆"，利用"对齐"面板使其相对于舞台居中对齐，如图5-25（右图）所示。

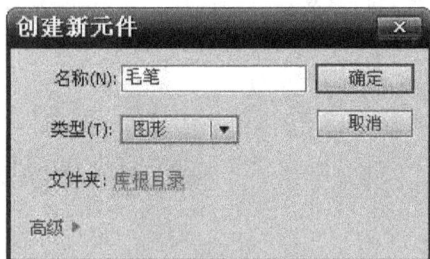

图5-24 创建新元件

**Step 05** 选择椭圆工具，在"颜色"面板中选择"径向渐变"填充类型，填充颜色从左到右为白色和黑色，如图5-26（左图）所示，移动鼠标，在舞台上绘制一个椭圆，并用选择工具将椭圆调整为"笔头"的形状，利用渐变变形工具调整其颜色的中心位置，如图5-26（右图）所示。

**Step 06** 选择任意变形工具，分别将"笔杆"和"笔头"旋转45°，并将"笔头"拖放到"笔杆"的下方，同时将两者选中，选择"修改">"组合"命令，将"笔杆"和"笔头"组合为一个图形，如图5-27所示。

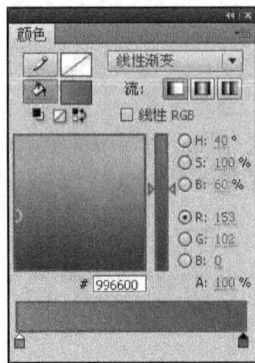

图5-25 绘制笔杆

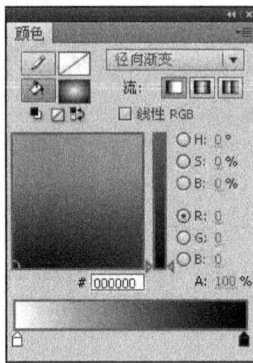

图5-26 绘制笔头

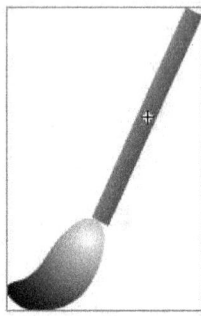

图5-27 毛笔

### 书写并编辑文字

**Step 07** 按Ctrl+E组合键，返回"场景1"，将"图层1"更名为"字"。选择文本工具，设置字体为"华文行楷"、字体大小为300点、字色为黑色，如图5-28所示。移动鼠标，在文本框中输入文本"一"，并将其放置在舞台的中下方。

**Step 08** 选中文本，选择"修改">"分离"命令，将文本分离，使其呈现为麻点状，如图5-29所示。

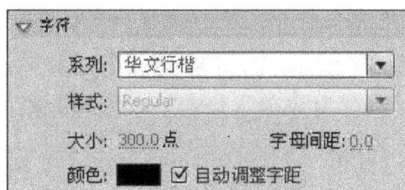

图5-28 设置字符属性

图5-29 分离文本

## 创建补间动画

**Step 09** 在"字"图层的第2～50帧连续按F6键,插入关键帧。单击"新建图层"按钮,添加新图层,并将其更名为"毛笔"。打开"库"面板,将"毛笔"元件拖入舞台,放置在"一"字的起始笔画上,如图5-30(左图)所示。

**Step 10** 在第5帧处按F6键插入关键帧,将毛笔移动到毛笔书写文字的顿笔处,如图5-30(中图)所示。用鼠标右键单击第1～5帧之间的任意一帧,在弹出的快捷菜单中选择"创建传统补间"命令,创建运动补间动画。

**Step 11** 分别选中"毛笔"图层的第1～5帧,用橡皮擦工具将毛笔所在点后边的文字部分擦除,第5帧处的毛笔和文字的状态如图5-30(右图)所示。

图5-30 制作"写字"的过程

**Step 12** 分别在"毛笔"图层的第12帧、第20帧、第25帧、第30帧、第35帧、第40帧、第45帧和第50帧处插入关键帧,按照毛笔运笔的规律(找顿笔点)移动毛笔的位置,创建运动补间动画。用同样的方法,擦除毛笔后边的文字部分,一直到第50帧为止。

**Step 13** 分别在两个图层的第60帧处按F5键,插入普通帧,"时间轴"面板如图5-31所示。

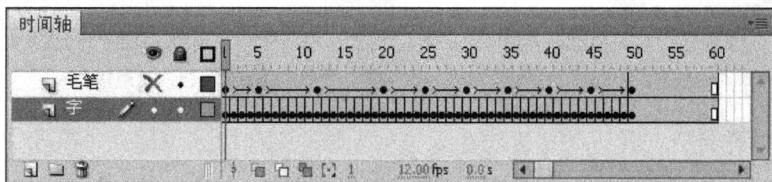

图5-31 "时间轴"面板

**Step 14** 制作结束后,保存文档,按Ctrl+Enter组合键,浏览并测试动画效果。

# 知识点拓展

## ❶ 编辑帧

在制作Flash动画的过程中,需要在时间轴中插入、移动或删除一些帧来满足影片的需求,这些操作统称为编辑帧。下面就开始学习编辑帧的一些相关操作。

（1）选择帧

在制作Flash动画时，无论是绘制图形对象还是要将导入图片、音频素材等对象放入舞台中，都要对应某个帧进行操作，因此，首先选中帧，再将对象放入舞台。选择帧有很多种方法，具体说明如下。

（a）选择一个帧：只需单击该帧即可。

（b）选择一组连续帧：首先选中该组帧的第1帧，按住Shift键并单击该组帧的最后一帧即可。

（c）选择一组非连续帧：按住Ctrl键，然后单击要选择帧即可。

（d）选择当前场景中的全部帧：选择"编辑" > "时间轴" > "选择所有帧"命令，如图5-32所示，即可选择当前场景中的全部帧。

（2）插入普通帧

如果需要将某些图像的显示时间延长，以满足Flash影片的需要，这就要插入一些普通帧，使显示时间延长到需要的长度。插入一个新普通帧也有多种方法，其中的两种方法如下。

（a）在时间轴中单击要插入普通帧的位置，选择"插入" > "时间轴" > "帧"命令，如图5-33（左图）所示，即可在该位置上插入一个普通帧。

（b）在时间轴上要插入帧的位置单击鼠标右键，在弹出的快捷菜单中选择"插入帧"命令，如图5-33（右图）所示，即可完成插入帧的操作。

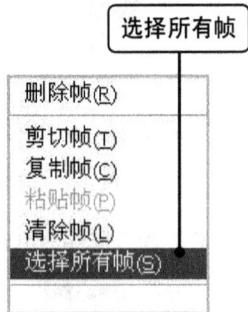

图5-32 选择帧

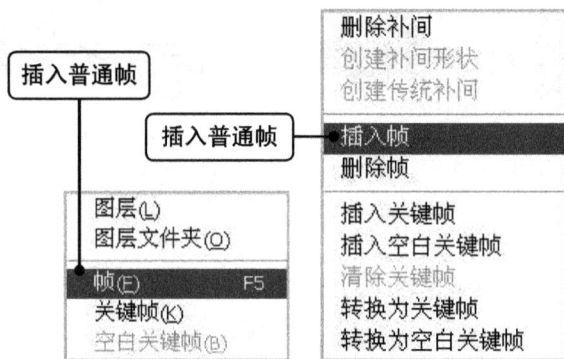

图5-33 插入普通帧

（3）插入关键帧

一个关键帧上一定会对应一个舞台对象，因此，插入一个关键帧，必将引出一个新的对象（或同一个对象不同的属性）。插入关键帧的方法也很多，其中的两种方法如下。

（a）在时间轴中单击要插入关键帧的位置，选择"插入" > "时间轴" > "关键帧"命令，即可在该位置上插入一个关键帧。

（b）在时间轴上要插入关键帧的位置处单击鼠标右键，在弹出的快捷菜单中选择"插入关键帧"命令即可。

（4）插入空白关键帧

有时不想让新图层的关键帧中出现前面的内容，这就需要插入空白关键帧来解决这一问题。同样，插入空白关键帧也可以用菜单命令、快捷菜单命令和快捷键的方法。

（a）在时间轴中单击要插入空白关键帧的位置，选择"插入">"时间轴">"空白关键帧"命令，即可在该位置上插入一个关键帧。

（b）在时间轴上要插入空白关键帧的位置处单击鼠标右键，在弹出的快捷菜单中选择"插入空白关键帧"命令即可。

> **提 示**
>
> 插入一个普通帧的快捷键为F5；插入一个关键帧的快捷键为F6；插入一个空白关键帧的快捷键为F7。

（5）帧的删除

（a）选取多余的帧，选择"编辑">"时间轴">"删除帧"命令即可。

（b）选取多余的帧，单击鼠标右键，在弹出的快捷菜单中选择"删除帧"命令。

（6）帧的移动

使用鼠标单击需要移动的帧或关键帧，拖动鼠标到目标位置即可。

（7）帧的复制/粘贴

复制/粘贴帧也有多种方法，其中的两种方法如下。

（a）使用鼠标选中要复制的一帧或多个帧，选择"编辑">"时间轴">"复制帧"命令，或者在要复制的帧上单击鼠标右键，在弹出的快捷菜单中选择"复制帧"命令。

（b）选中要粘贴帧的位置，选择"编辑">"时间轴">"粘贴帧"命令，或在要粘贴帧的位置处单击鼠标右键，在弹出的快捷菜单中选择"粘贴帧"命令即可。

> **提 示**
>
> 选中要复制的帧后，按住Alt键拖动鼠标，将其拖动到等待复制的位置即可。

（8）帧的清除

使用鼠标单击一个帧后，选择"编辑">"时间轴">"清除帧"命令进行清除操作。

> **注 意**
>
> 清除帧和删除帧是两种不同的概念，清除帧的含义是只清除帧的内容，同时将关键帧转换为空白关键帧；而删除帧的含义是将帧及其内容一同删除。

（9）关键帧的转换

实现普通帧与关键帧的转换方法如下。

（a）选择需要转换的普通帧，选择"修改">"时间轴">"转换为关键帧"命令，即可将普通帧转换为关键帧。

（b）在要转换的帧上单击鼠标右键，在弹出的快捷菜单中选择"转换为关键帧"命令即可，如图5-34所示。

实现关键帧与普通帧的转换方法如下。

（a）选中要转换的关键帧，单击鼠标右键，在快捷菜单中选择"清除关键帧"命令，也如图5-34所示，关键帧即可转换为普通帧。

（b）选中关键帧后，按Shift+F6快捷键，即可将关键帧转换为普通帧。

（10）**帧翻转**

利用翻转帧功能，可以使选定的一组帧反序运行，方法如下。

（a）选中"时间轴"中的所有帧，选择"修改" > "时间轴" > "翻转帧"命令，如图5-35所示。

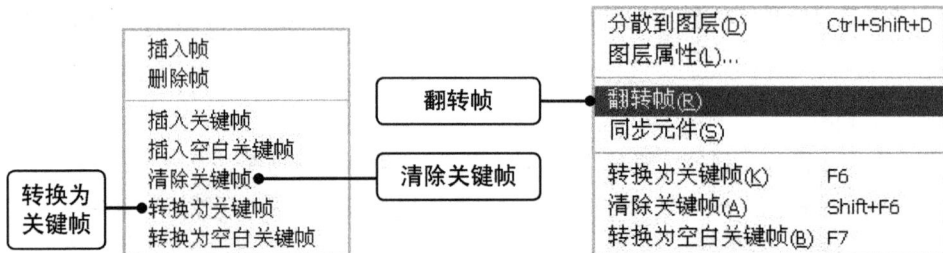

图5-34 清除和转换关键帧命令　　　　图5-35 选择"翻转帧"命令

（b）时间轴上所有帧的位置发生了改变，原来位于最左端的帧移到了最右边，如图5-36所示。如果查看整个动画的播放情况，就会发现动画的播放顺序完全颠倒了。

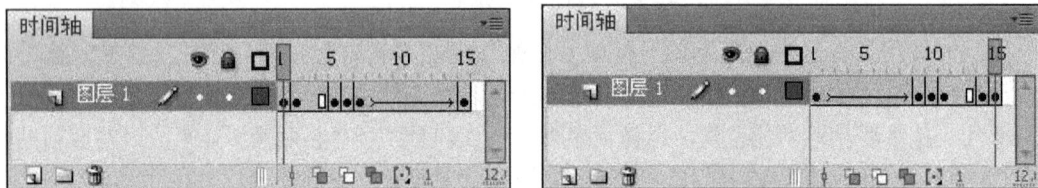

图5-36 翻转帧

❷ **使用绘图纸工具**

在制作连续性的动画时，如果前后两帧的画面内容没有完全对齐，就会出现抖动的现象。绘图纸工具不但可以用半透明方式显示指定序列画面的内容，还可以提供同时编辑多个画面的功能，是制作精确动画的必需手段。绘图纸工具在时间轴的下方，如图5-37所示。

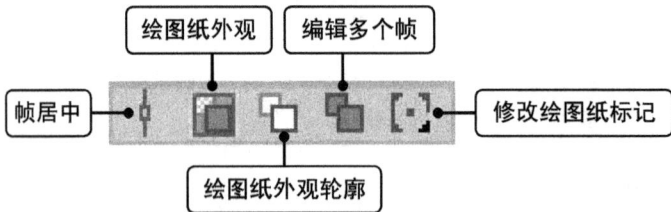

图5-37 绘图纸工具

（1）**"帧居中"按钮**

单击该按钮能使播放头所在的帧在时间轴的中间显示。

（2）**"绘图纸外观"按钮**

单击"绘图纸外观"按钮，时间轴标尺上会出现绘图纸的范围，如图5-38所示。此时舞台中的对象也同时显示了选中帧两旁各两帧的内容，其中播放头所在的帧透明度为100%，其余的为半透明，这种效果又称为"洋葱皮"效果，如图5-39所示。

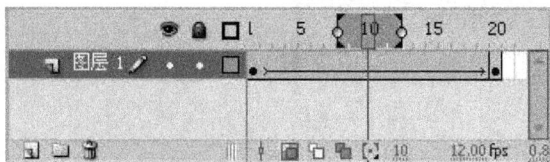

图5-38 "绘图纸外观"按钮及绘图纸的范围

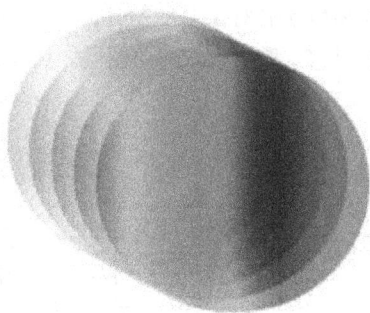

图5-39 "洋葱皮"效果

（3）"绘图纸外观轮廓"按钮

绘图纸外观还可以只显示线框而不显示填充内容。单击"绘图纸外观轮廓"按钮，此时舞台上的图像除了当前关键帧显示实体外，其他帧都只显示其轮廓，如图5-40所示。

（4）"编辑多个帧"按钮

要想使绘图纸标记之间的所有帧都可以编辑，则单击该按钮。"编辑多个帧"按钮只对帧动画有效，而对渐变动画无效，因为过渡帧是无法编辑的。

（5）"修改绘图纸标记"按钮

查看范围帧的对象内容时，可以修改绘图纸范围。单击"修改绘图纸标记"按钮，从弹出的快捷菜单中选择范围，如图5-41所示。其中各项功能如下。

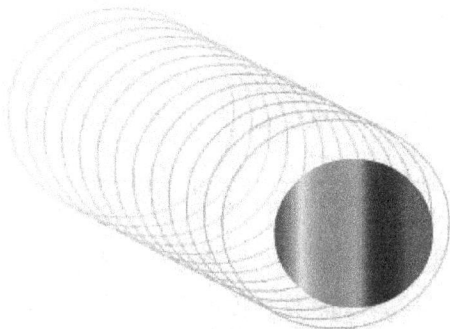

图5-40 绘图纸外观轮廓显示

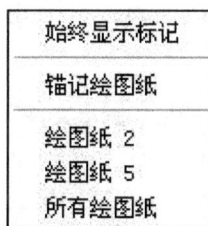

| 始终显示标记 |
| 锚记绘图纸 |
| 绘图纸 2 |
| 绘图纸 5 |
| 所有绘图纸 |

图5-41 "修改绘图纸标记"菜单

- 始终显示标记：选中该项，不论绘图纸是否开启，都显示其标记。当绘图纸未开启时，虽然显示范围，但是在画面上不会显示绘图纸效果。
- 锚记绘图纸：选中该项，将绘图纸标记标定在当前的位置，其位置和范围都将不再改变；否则，绘图纸的范围会跟着指针移动。
- 绘图纸2：选中该项，显示当前帧两边各两帧的内容。
- 绘图纸5：选中该项，显示当前帧两边各5帧的内容。
- 所有绘图纸：选中该项，显示当前帧两边所有的内容。

## ❸ 图层和图层的操作

图层是图形图像处理中一个非常重要的手段，为用户提供了一个相对独立的创作空间，利用它可以将不同的素材和图形分门别类地管理起来。

在Flash动画中，图层就像一张张透明的纸，在每张"纸"上可以绘制不同的对象，然后将它们按一定的顺序堆叠在一起构成一幅幅画面，其中上方图层所包含的对象始终显示在其下方图层所包含的对象上，各层操作相互独立，互不影响。如果某个图层上没有任何内容，那么就可以透过它直接看到下面的图层。为了便于管理，还可以在图层中创建文件夹，如图5-42所示。

图5-42 图层

### （1）图层的分类

在Flash CS5中，图层可以分为5种类型，即一般图层、遮罩图层和被遮罩图层、引导图层和被引导图层。

- 一般图层：指普通状态下的图层，出现在该图层名称前面的图标为 ▢ 。
- 遮罩层和被遮罩层：遮罩层和被遮罩层是对应的。遮罩层是指放置遮罩物的图层，可以将遮罩物看成透明的区域，通过这个区域可以看见被遮罩层的内容。遮罩层和被遮罩层名称前面的图标为 ▨ 和 ▨ 。
- 引导层和被引导层：引导层和被引导层是对应的。引导层用于放置对象运动的路径，而被引导层用于放置运动的对象，它们名称前面的图标为 ⋰ 和 ▢ 。

> **提 示**
>
> 　　还有一类引导图层，其作用是辅助静态对象定位的。引导层可以单独使用，名称前面的图标为 ⬦ 。使用引导图层和遮罩图层可以制作一些复杂的动画。要说明的是，在动画播放时，引导层是不会出现在动画中的。

### （2）创建图层和图层文件夹

系统默认下，新建的Flash文档仅有一个图层，默认为"图层1"。在动画制作过程中，用户可以根据需要自由创建图层。除了可以创建图层外，Flash软件还提供了一个图层文件夹的功能，它以树的结构排列，可以将多个同类图层分配到同一个文件夹中，有助于更好地管理图层。创建图层和图层文件夹有以下3种方法。

（a）单击"新建图层"按钮进行新图层的创建，每单击一次，即可创建一个普通图层。单击"新建文件夹"按钮，即可创建一个图层文件夹。

（b）选择"插入" > "时间轴" > "图层"（或"图层文件夹"）命令，如图5-43（左图）所示，即可创建一个新图层（或图层文件夹）。

（c）在"时间轴"面板左侧的图层名称处单击鼠标右键，在弹出的快捷菜单中选择"插入图层"（或"插入文件夹"）命令，如图5-43（右图）所示，即可创建新图层（或新文件夹）。

### （3）图层的顺序

图层顺序决定一个图层显示于其他图层之上还是之下，因此，在编辑时往往要改变图层之间的顺序。在时间轴中，选择要移动的图层，将图层向上或向下拖动，当高亮线在想要的位置出现时，释放鼠标，图层即被成功地放置到新的位置。如图5-44所示为改变图层顺序前后图层中对象的显示状态。

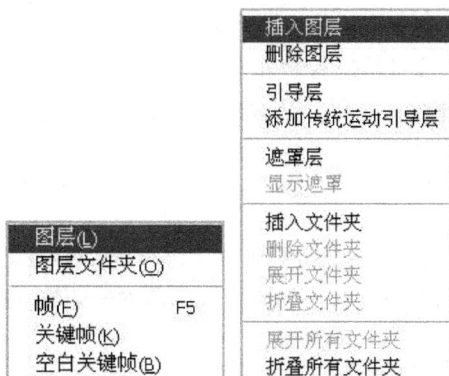

图5-43 创建图层和图层文件夹

图5-44 改变图层顺序

### （4）复制图层

在Flash中，可以将图层中的所有对象复制下来粘贴到不同的图层中。

（a）单击要复制图层的名称处，选中整个图层（也就是选中图层中所有的帧），选择"编辑">"复制"命令，或在时间轴上单击鼠标右键，在弹出的快捷菜单中选择"复制帧"命令。

（b）单击要粘贴的新图层的第1帧，选择"编辑">"粘贴到当前位置"命令，如图5-45所示。

### （5）重命名图层

新建图层后，系统默认的图层名称是"图层1"、"图层2"、"图层3"等，依此类推。进行一系列复杂的操作时，这样的名称往往会让人很糊涂，因此，不妨给新建的图层重新命名，操作方法有如下两种。

（a）双击要改名的图层名称处，在文本框中输入新的图层名称，然后按Enter键即可。

（b）用鼠标右键单击要改名的图层，在弹出的快捷菜单中选择"属性"命令，在弹出的"图层属性"对话框的"名称"文本框中输入新的图层名称，如图5-46所示。

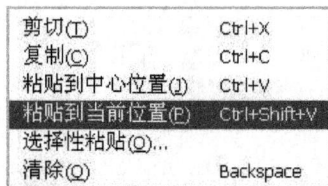

图5-45 选择"粘贴到当前位置"命令

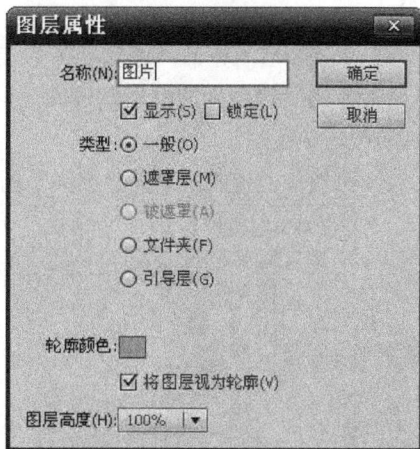

图5-46 "图层属性"对话框

（6）删除图层

删除图层的方法有3种，执行下面任意一种操作即可删除图层。

（a）选择要删除的图层，单击"时间轴"面板上右下角的 🗑 按钮。

（b）在"时间轴"面板上单击要删除的图层，并将其拖到 🗑 按钮上。

（c）在"时间轴"面板上用鼠标右键单击要删除的图层，从弹出的快捷菜单中选择"删除图层"命令。

❹ **设置图层状态**

在时间轴的图层编辑区中有代表图层状态的3个按钮，如图5-47所示。它们分别可以隐藏某图层以保持工作区域的整洁、将某图层锁定以防止被意外修改、在任何图层查看对象的轮廓线。

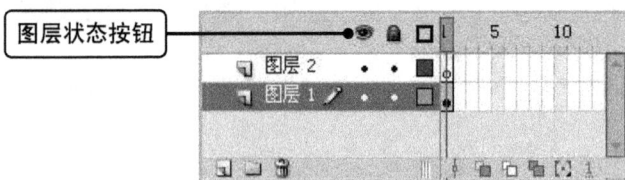

图5-47 图层状态按钮

（1）隐藏图层

隐藏图层可以使一些图像隐藏起来，从而减少不同图层之间的图像干扰，使整个工作区保持整洁。在图层隐藏以后，就暂时不能对该层进行各种编辑。隐藏图层的方法如下。

（a）单击图层上方的"显示/隐藏所有图层"按钮 👁，可将所有图层隐藏。

（b）单击"眼睛"图标所对应图层的小黑点 •，此时小黑点变为红色叉状按钮 ✕，则该图层被隐藏，如图5-48所示是将"图层1"隐藏。

（c）再次单击"显示/隐藏所有图层"按钮 👁，或单击图层中的红色叉状按钮，即可显示该图层。

（2）锁定图层

锁定图层可以将某些图层锁住，目的是防止一些已编辑好的图层被意外修改。在图层锁定以后，就暂时不能对该图层进行各种编辑。与隐藏图层所不同的是，锁定图层上的图像仍然可以显示。

（a）单击图层上方的"锁定/解除锁定所有图层"按钮 🔒，可以将所有图层锁定。

（b）单击"锁头"图标所对应图层的小黑点，此时小黑点转换为锁头图形，如图5-49所示，即可锁定该图层。

（c）再次单击该图层中的"锁头"图标，即可解除锁定状态。

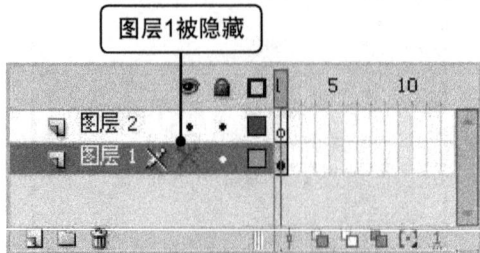

图5-48 隐藏图层

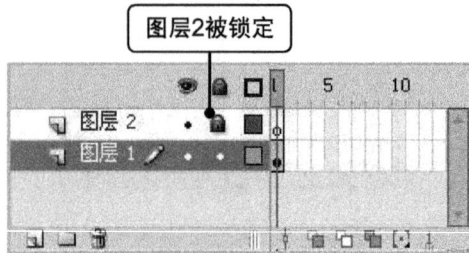

图5-49 锁定图层

（3）对象轮廓模式

默认情况下，图层中的对象是以完整的实体显示的。在编辑中，往往需要查看对象的轮廓线，这时可以通过对象轮廓显示模式去除填充区，从而方便地查看对象。在轮廓模式下，该图层的所有对象都以轮廓颜色显示。

（a）单击 ▢ 图标，可以将所有图层采用轮廓模式显示，再次单击该图标则取消轮廓模式。

（b）单击图层名称右侧的显示轮廓模式图标 ■（不同图层显示栏的颜色不同），当该图标变成空心的正方形图标 ▢ 时，即可将图层转换为轮廓模式，如图5-50所示，再次单击该图标则可取消轮廓模式。

图5-50 显示图形轮廓

（c）用鼠标在图层的显示模式按钮中上、下拖动，可以使多个图层以轮廓模式显示或者取消轮廓模式。

# 独立实践任务

## 任务三 ▶ 创建简单逐帧动画

### ◈ 任务背景

本任务是用绘制的图形和导入的图片制作一个简单的逐帧动画，如图5-51所示。

### ◈ 任务要求

逐帧动画要求每一帧都应该有实体存在，制作时使动画要自然流畅。

【技术要领】创建6个空白关键帧；在每个空白关键帧上绘制图形或导入图片；然后利用"对齐"面板使图形或图片相对于舞台居中对齐。

【解决问题】学会创建逐帧动画。

【素材来源】光盘\素材与源文件\模块05\任务3\创建简单逐帧动画.swf。

图5-51 简单逐帧动画效果

主要制作步骤

# 职业技能知识点考核

## 1．单项选择题

（1）构成动画最基本元素是（　　　）。

A．时间线　　　　　　　B．图像　　　　　　　C．手柄　　　　　　　D．帧

（2）逐帧动画的每一帧都是（　　　）。

A．普通帧　　　　　　　B．关键帧　　　　　　C．空白关键帧　　　　D．连续帧

## 2．多项选择题

（1）Flash中的帧主要有（　　　）和（　　　）两种类型。

A．关键帧　　　　　　　B．空白关键帧　　　　C．普通帧　　　　　　D．连续帧

（2）如果要延缓动画的播放时间和清除前一关键帧的内容，可以在时间轴中插入（　　　）和（　　　）。

A．关键帧　　　　　　　B．空白关键帧　　　　C．普通帧　　　　　　D．连续帧

## 3．判断题

（1）通常表现一些细腻的动作（如3D效果、面部表情、走路、转身等），都是使用逐帧动画实现的。（　　　）

（2）图层中上方图层所包含的对象始终显示在其下方图层所包含的对象之下，各层操作相互独立，互不影响。（　　　）

# 模块 06 制作补间动画

　　本模块通过实例进行详细讲解，介绍创建这几种动画的方法。通过本模块内容的学习，了解补间动画的原理和创建技巧，从而能够灵活运用这些动画的创建方式，以编辑出更多、更精美的动画效果。

## 能力目标

1. 能够制作简单的形状补间动画
2. 能够制作简单的传统补间动画
3. 能够制作简单的补间动画

## 专业知识目标

1. 理解补间动画的原理
2. 了解元件和实例的概念
3. 会设置补间动画的属性

## 课时安排

6课时（讲授4课时；实践2课时）

## 任务参考效果图

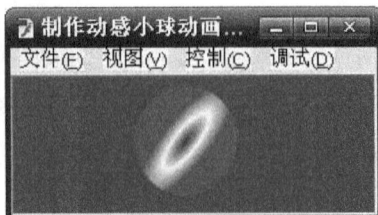

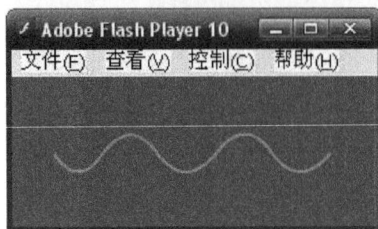

# 知识储备

## 知识一 形状补间动画

形状补间动画适用于图形对象。在两个关键帧之间可以制作出图形变化的效果，让一种形状可随时间变化为另一个形状；除此之外，还可以使形状的位置、大小和颜色进行渐变。

### 1．形状补间动画的概念

在某一关键帧中绘制一个形状，再在另一个关键帧中修改该形状或者重新绘制一个形状，然后Flash会根据两者之间的帧的值或形状来创建动画，这种动画被称为形状补间动画。

### 2．创建形状补间动画的条件

形状补间动画用于创建形状变化的动画效果，使一个形状变成另一个形状，同时可以实现两个图形之间的颜色、形状、大小、位置的交互变化。

形状补间动画的创建方法与传统补间动画类似，只要创建两个关键帧中的对象，其他过渡帧可通过Flash自己计算出来。当然，创建形状补间动画时需要满足以下条件。

（1）在一个形状补间动画中至少要有两个关键帧，缺一不可。

（2）在两个关键帧中的对象必须是可编辑的图形，如果是图形元件、按钮、文字，则必须先将其分离才能创建形状补间动画。

（3）这两个关键帧中的图形必须有一些变化，否则制作出的动画将没有动画效果。

（4）形状补间动画创建成功后，"时间轴"面板的背景色为淡绿色，在开始帧和结束帧之间有一个黑色的箭头，如图6-1所示。

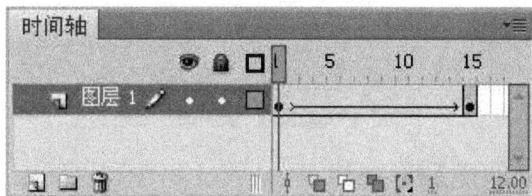

图6-1 形状补间动画的"时间轴"面板

## 知识二 传统补间动画

传统补间动画又称为运动补间动画，它所处理的动画必须是舞台中的组件实例，多为图形组合、文字、导入的素材对象。利用这种动画可以实现对象的大小、位置、旋转、颜色以及透明度等变化的设置。

### 1．传统补间动画的概念

在逐帧动画中，Flash需要保存每一帧的数据。而在补间动画中，Flash只需保存帧之间不同的数据，使用传统补间动画还能尽量降低文件的大小。因此在制作动画时，应用最多的是传统补间动画。

## 2．创建传统补间动画的条件

（1）在第一关键帧处放置一个元件，然后在另一个关键帧处缩放、移动该元件，或改变其颜色、透明度等，因此，传统补间动画必须作用在相同的对象上才能创造出动画效果。

（2）构成传统补间动画的对象必须是元件或成组对象，可以是图形元件、按钮、文字、影片剪辑、位图等，但不能是形状。

（3）传统补间动画创建完成后，"时间轴"面板的背景色为淡紫色，在开始帧和结束帧之间有一个黑色的箭头，如图6-2所示。

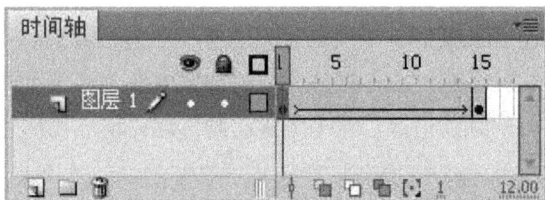

图6-2 传统补间动画的"时间轴"面板

## 知识三 补间动画

### 1．补间动画的概念

补间动画是通过为一个帧中的对象属性指定一个值，并为另一个帧中的该相同属性指定另一个值来创建动画。这种动画形式可以直接将动画补间效果应用于对象本身，而对象的移动轨迹可以很方便地运用贝塞尔曲线来调整。倾斜补间动画的"时间轴"面板如图6-3所示。

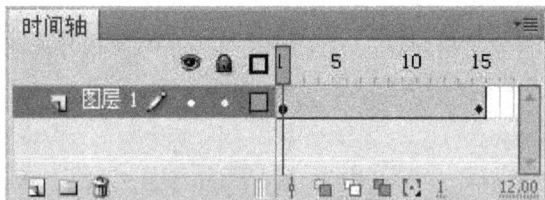

图6-3 补间动画的"时间轴"面板

### 2．创建补间动画的类型和属性

（1）可补间的对象类型包括：影片剪辑、图形和按钮元件以及文字字段。

（2）可补间对象的属性包括：2D X和Y位置；3D Z位置（仅限影片剪辑）；2D旋转（绕Z轴）；3D X、Y、Z旋转（仅限影片剪辑）；倾向X和Y；缩放X和Y；颜色效果；滤镜属性。

# 模拟制作任务

## 任务一 制作动感小球动画

### 📚任务背景

制作一个颜色变换的球体动画，球体的颜色从蓝色变成红色，再从红色变成绿色，反光部分也随着变动，效果如图6-4所示。

## 任务要求

小球运动要符合运动规律，要自然、逼真且优美。

## 任务分析

绘制椭圆，填充径向渐变颜色，插入新关键帧，利用渐变变形工具调整反光部分的方向，在两个帧之间创建形状补间动画。

## 重点、难点

1. 定义"径向渐变"填充类型。
2. 渐变变形工具的应用。
3. 创建形状补间动画。

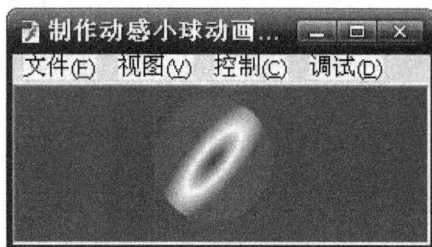

图6-4 动感小球动画效果

---

【技术要领】椭圆工具应用；"颜色"面板的使用；插入帧；渐变变形工具；创建形状补间。

【解决问题】创建形状补间动画。

【素材来源】光盘\素材与源文件\模块06\任务1\动感小球动画.swf。

【视频教程】光盘\视频教程\模块06\动感小球动画.avi。

---

## 操作步骤详解

### 创建文件

Step **01** 启动Flash CS5，创建一个新文档。修改舞台尺寸为400×100（像素），修改舞台背景为蓝色，其他属性选项保持默认。

Step **02** 选择"文件">"保存"命令，将新文档保存到"素材与源文件\模块06\任务1"文件夹下，并为文档命名为"动感小球动画.fla"。

### 绘制并调整图形

Step **03** 选择椭圆工具，选择"窗口">"颜色"命令，打开"颜色"面板。在该面板中选择"径向渐变"填充类型，填充色从左到右依次为蓝色、白色和淡蓝色，如图6-5（左图）所示。拖动鼠标，在舞台中绘制一个无边框的圆（小球），如图6-5（中图）所示。

Step **04** 选择渐变变形工具并单击舞台中的圆，此时在圆中心与周围出现调节控制柄，拖动圆周围出现的调节控制柄，修改圆的反光部分大小、方向等，如图6-5（右图）所示。

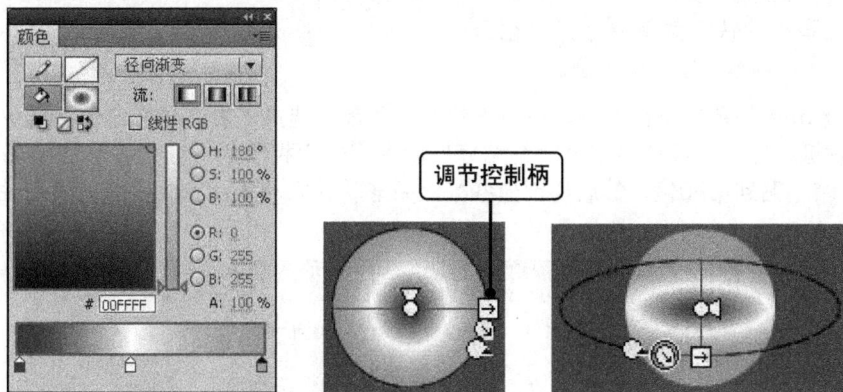

图6-5 绘制蓝白色小球

Step **05** 在第15帧处按F6键，插入关键帧，选中舞台中的圆，并将"颜色"面板中的填充色更改为红色、白色和淡红色，如图6-6（左图）所示。

Step **06** 选择渐变变形工具并单击舞台上的圆，拖动圆周围出现的调节控制柄，修改圆形的反光部分方向，如图6-6（右图）所示。

### 创建形状补间动画

Step **07** 用鼠标右键单击第1～15帧之间的任意一帧，在弹出的快捷菜单中选择"创建补间形状"命令，创建形状补间动画。

Step **08** 在第30帧处按F6键插入关键帧，选中舞台上的圆，并将"颜色"面板中的填充色块更改为绿色、白色和淡绿色，如图6-7（左图）所示。选择渐变变形工具并单击舞台上的圆，拖动圆周围出现的调节控制柄，修改圆形的反光部分方向，如图6-7（右图）所示。

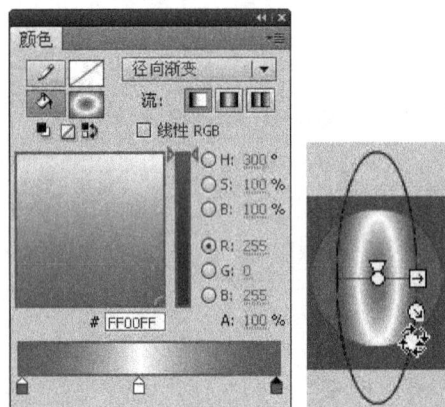

图6-6 绘制红白色小球

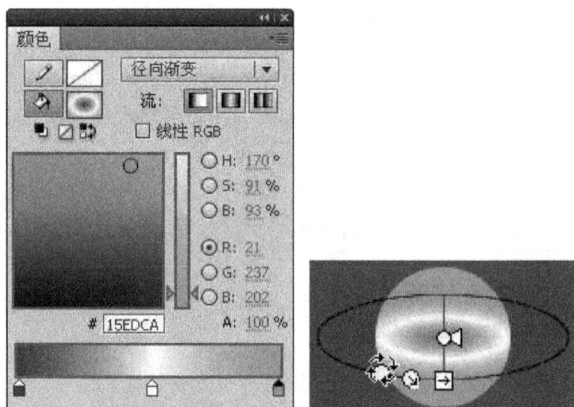

图6-7 绘制绿白色小球

Step **09** 用鼠标右键单击第15～30帧之间的任意一帧，在弹出的快捷菜单中选择"创建补间形状"命令，创建形状补间动画。

Step **10** 在第45帧处按F6键插入关键帧，选中舞台上的圆，将"颜色"面板中的填充色块更改为黄色、白色和淡黄色，如图6-8（左图）所示。选择渐变变形工具并单击舞台上的圆，拖动圆周围出现的调节控制柄，修改圆形的反光部分，如图6-8（右图）所示。

Step **11** 用鼠标右键单击第30～45帧之间的任意一帧，在弹出的快捷菜单中选择"创建补间形状"命令，创建形状补间动画。

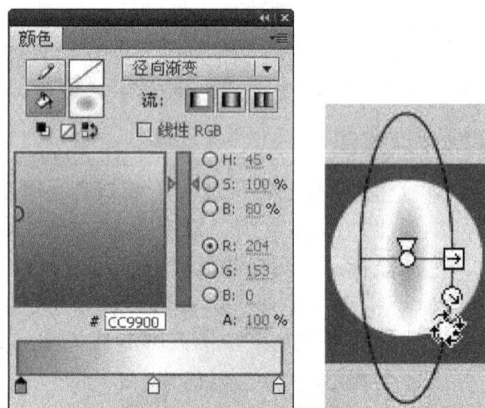

图6-8 绘制黄白色小球

Step **12** 在第30帧处单击鼠标右键，在弹出的快捷菜单中选择"复制帧"命令。选中第60帧，单击鼠标右键，在快捷菜单中选择"粘贴帧"命令。使用相同的方法，将第15帧粘贴到第75帧，将第1帧粘贴到第90帧，然后再创建各帧之间形状补间动画。完成后的"时间轴"面板如图6-9所示。

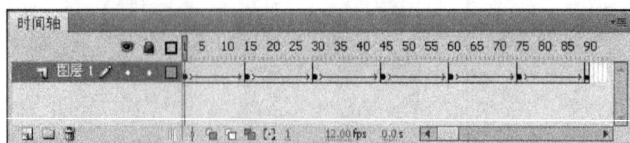

图6-9 "时间轴"面板

Step **13** 制作结束后，保存文件，按Ctrl+Enter组合键，浏览并测试动画效果。

## 任务二 制作衰减运动动画

### 📚 任务背景

利用影片剪辑制作出一个复合运动的篮球，动画中的篮球沿水平方向移动的同时，也在做垂直运动，完成后的效果如图6-10所示。

### 📚 任务要求

创建形状补间动画，并了解补间动画中"缓动"选项的作用。

### 📚 任务分析

绘制椭圆，将图形转换为影片剪辑元件，移动元件，创建传统补间动画，设置补间缓动参数。

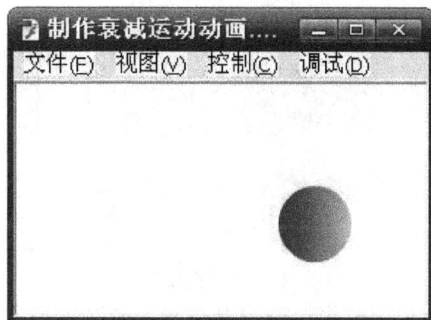

图6-10 衰减运动动画效果

### 📚 重点、难点

① 绘制椭圆。

② 将图形转换为元件。

③ 创建传统补间动画。

④ 为补间设置缓动参数。

【技术要领】用椭圆工具；元件转换；创建补间形状并设置补间缓动项。
【解决问题】创建补间动画，缓动项应用。
【素材来源】光盘\素材与源文件\模块06\任务2\衰减运动动画.swf。
【视频教程】光盘\视频教程\模块06\衰减运动动画.avi。

## 操作步骤详解

### 创建文件

Step **01** 运行Flash CS5，创建一个新文档，修改舞台尺寸为450×300（像素），其他属性选项保持默认。

Step **02** 选择"文件">"保存"命令，将新文档保存到"素材与源文件\模块06\任务2"文件夹下，并为文档命名为"衰减运动动画.fla"。

### 绘制图形并将其转换为影片剪辑元件

Step **03** 选择椭圆工具，打开"颜色"面板。在该面板中选择"线性渐变"填充类型，填充颜色从左到右为蓝色和灰色，如图6-11所示。

Step **04** 拖动鼠标，在舞台上绘制一个无边框的小球。选中小球，选择"修改">"转换为元件"命令，将小球转换为一个名为"小球"的图形元件，如图6-12（左图）所示。转换后的小球如图6-12（右图）所示。

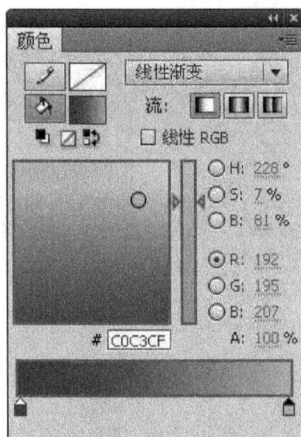

图6-11 设置填充颜色

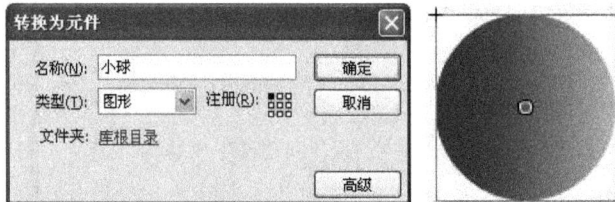

图6-12 将小球转换为元件

**Step 05** 将小球移动到舞台右上角的场景外，如图6-13（左图）所示，然后选择"修改" > "转换为元件"命令，将图形元件转换为影片剪辑元件，命名为"小球2"，如图6-13（右图）所示。

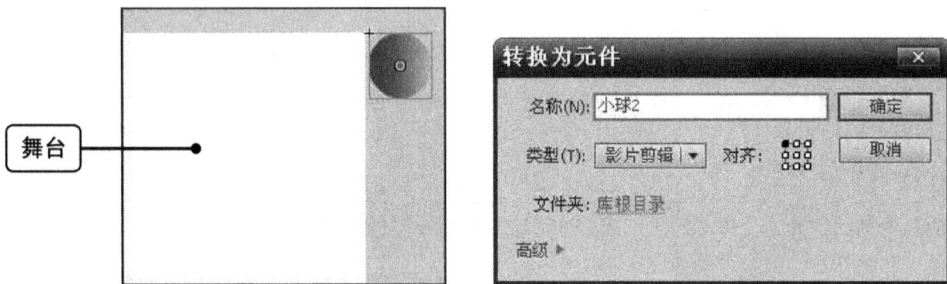

图6-13 移动小球并将其转换为影片剪辑元件

### 创建传统补间动画

**Step 06** 双击"小球2"，进入影片元件编辑状态，在第10帧和第20帧处按F6键，插入关键帧。

**Step 07** 在第10帧处选中小球，按住Shift键将小球垂直移动到舞台的底部，如图6-14所示，然后用鼠标右键单击第1～10帧中的任意一帧，在弹出的快捷菜单中选择"创建传统补间"命令，创建运动补间动画。打开"属性"面板，并将"缓动"值设置为–100，如图6-15所示。

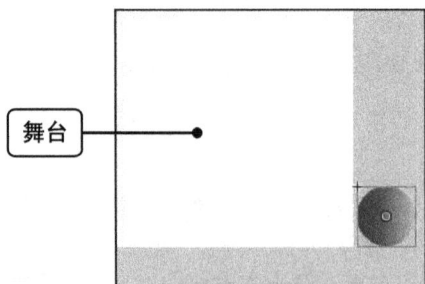

图6-14 改变小球的位置

图6-15 设置补间的缓动数值

**Step 08** 用鼠标右键单击第10～20帧中的任意一帧，在弹出的快捷菜单中选择"创建传统补间"命令，创建运动补间动画，并在"属性"面板中将"缓动"值设置为100，如图6-16所示。此时的"时间轴"面板如图6-17所示。

图6-16 设置补间的缓动数值

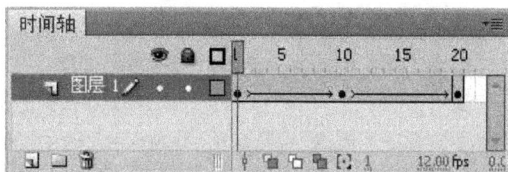

图6-17 "时间轴"面板

**注 意**

缓动值为-100，小球在下落时速度加大，上升时速度减小；缓动值为100，则小球的运动状态相反。

**Step 09** 按Ctrl+E组合键，返回"场景1"。在第60帧处按F6键插入关键帧，然后选中小球，按住Shift键将小球移动到舞台的左侧顶端，如图6-18所示。

**Step 10** 用鼠标右键单击第1～60帧之间的任意一帧，在弹出的快捷菜单中选择"创建传统补间"命令，创建运动补间动画，此时的"时间轴"面板如图6-19所示。

图6-18 第60帧处小球的位置

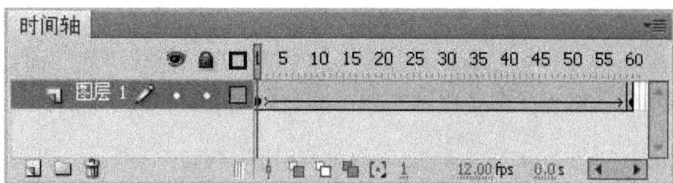

图6-19 "时间轴"面板

**Step 11** 制作结束后，保存文件，按Ctrl+Enter组合键，输出并测试动画效果。

## 任务三 制作飞舞的蝴蝶

### 任务背景

补间动画在补间范围内为目标对象定义一个或多个属性值，是一种在最大程度上降低文件大小的同时，创建随时间移动和变化的动画的有效方法。完成后的效果如图6-20所示。

### 任务要求

创建补间动画，使舞台中飞舞的蝴蝶舞姿优美、运动轨迹流畅。

### 任务分析

导入背景图片，再导入GIF图片，创建补间动画，设置属性关键帧。

图6-20 飞舞的蝴蝶效果

### 重点、难点

① 导入图片。

② 创建补间动画。

③ 添加属性关键帧。

④ 调整对象属性的值。

【技术要领】导入图片；创建补间动画并设置对象属性值。

【解决问题】创建补间动画，属性值的调整。

【素材来源】光盘\素材与源文件\模块06\任务3\飞舞的蝴蝶.swf。

【视频教程】光盘\视频教程\模块06\飞舞的蝴蝶.avi。

## 操作步骤详解

### 创建文件

Step **01** 运行Flash CS5，创建一个新文档，保持默认属性选项。

Step **02** 选择"文件"＞"保存"命令，将新文档保存到"素材与源文件\模块06\任务3"文件夹下，并为文档命名为"飞舞的蝴蝶.fla"。

### 导入背景图片

Step **03** 选择"文件"＞"导入"＞"导入到舞台"命令，由"素材与源文件\模块06\任务3"文件夹下导入一张名为"背景"的图片，调整图片尺寸与舞台相同，利用"对齐"面板使图片相对于舞台居中对齐，如图6-21所示。选中第30帧按F5键，将帧延长到第30帧。

Step **04** 选择"文件"＞"导入"＞"导入到库"命令，由"素材与源文件\模块06\任务3"文件夹下导入一张名为"蓝蝴蝶"的GIF图片，打开"库"面板，从中可看到导入的图片，以及自动生成的一个影片剪辑元件，如图6-22所示。

图6-21 导入背景图片

图6-22 "库"面板

Step **05** 单击"新建图层"按钮，插入"图层2"，选中"图层2"的第1帧，从"库"中将影片剪辑元件拖放到舞台中合适的位置上，调整元件的尺寸，舞台效果如图6-23所示。在"图层2"的第30帧处按F5键，将帧延长到第30帧。

Step **06** 选择第1～30帧之间的任意一帧并单击鼠标右键，在弹出的快捷菜单中选择"创建补间动画"命令，此时时间轴上的区域变为了淡蓝色，该图层的名称左侧的图层标识变成 ，表示该图层为补间图层，"时间轴"面板如图6-24所示。

Step **07** 选中"图层2"的第10帧，按F6键添加一个属性关键帧，此时时间轴的补间范围中将自动出现一个黑色菱形标志，这个标志就表示该帧为属性关键帧。

> **提 示**
>
> "属性关键帧"与"关键帧"的不同："关键帧"是指时间轴中其元件实例首次出现在舞台中的帧；而"属性关键帧"是新版Flash中新增的术语，它是指在补间动画的特定时间或帧中定义的属性。

图6-23 舞台效果

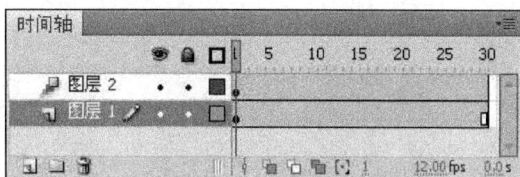

图6-24 "时间轴"面板

**Step 08** 将舞台中的元件实例拖放到合适的位置，并利用任意变形工具将实例缩放、旋转到合适的大小及角度，舞台效果如图6-25所示。

- 带端点的线段：补间动画的运动路径。运动路径显示从补间范围的第1帧中的位置到新位置的路径。
- 线段上的端点：端点的个数代表时间轴上的帧数，该例中从第1～10帧，因此线段中一共有10个端点。

**Step 09** 使用选择工具，将鼠标移动到路径中的端点时，鼠标指针呈曲线调整状态（指针右下角出现一条圆弧标记）时，按下鼠标左键拖动路径线段到合适的角度，如图6-26所示，然后释放鼠标。

图6-25 舞台效果

图6-26 修改路径

**Step 10** 将选择工具移动到路径两端的端点上时，鼠标指针呈拐角拉伸状态（指针右下角出现一个直角线标记）时，按下鼠标左键拖动，即可调整路径的起点位置，如图6-27（左图）所示。

**Step 11** 在"图层2"的第20帧处单击鼠标右键，在弹出的快捷菜单中选择"插入关键帧">"位置"命令，并将舞台中的实例拖放到合适的位置，使用任意变形工具调整实例的角度。

**Step 12** 在第20帧处单击鼠标右键，在弹出的快捷菜单中选择"插入关键帧">"缩放"命令，并使用任意变形工具调整实例的大小，用选择工具调整路径线段，如图6-27（右图）所示。

图6-27 调整路径的起点位置和修改关键帧属性等

Step **13** 单击"图层2"的第25帧，将舞台实例拖放到另一个位置，此时时间轴的第25帧处将自动添加一个属性关键帧，用鼠标右键单击第25帧，在弹出的快捷菜单中选择"插入关键帧" > "缩放"命令，然后使用任意变形工具调整实例的大小。

Step **14** 执行"插入关键帧" > "旋转"命令，在第25帧处新增加一个属性关键帧，然后使用任意变形工具调整元件实例的旋转角度，效果如图6-28所示。此时的"时间轴"面板如图6-29所示。

图6-28 修改属性关键帧

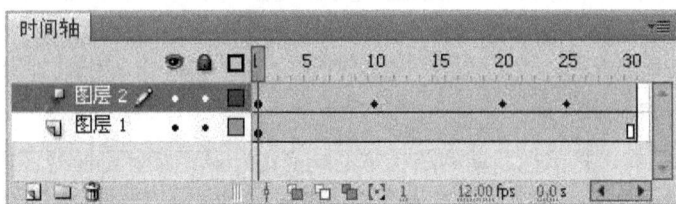

图6-29 "时间轴"面板

Step **15** 保存文件，按Ctrl+Enter组合键，测试动画效果，此时，蝴蝶将沿着路径运动。

# 知识点拓展

## ❶ 添加形状提示

制作形状补间动画时，在"起始形状"和"结束形状"中添加相对应的"提示"，可以使得形状在变形过渡中依照一定的规则进行，从而有效地控制变形过程。添加形状提示的具体步骤如下。

（a）在开始帧处绘制一个蓝色五角星，在结束帧处绘制一个红色椭圆，创建形状补间动画。单击形状补间动画开始帧，选择"修改" > "形状" > "添加形状提示"命令，则该帧图形上便会增加一个红色a字的提示符，如图6-30（左图）所示。同样，在结束帧的图形中也出现一个红色a字的提示符，如图6-30（右图）所示。

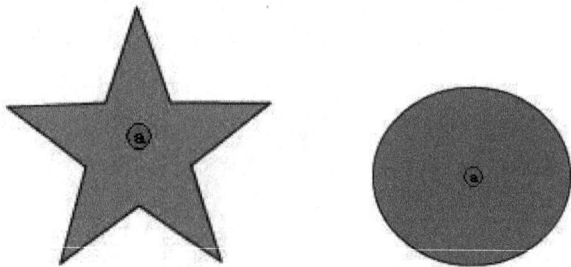

图6-30 添加首末帧的提示符

（b）用鼠标左键分别选中并按住提示符移动，将提示符放置在适当位置。添加成功后，开始帧上的提示符变为黄色，如图6-31（左图）所示；结束帧上的提示符变为绿色，如图6-31（右图）所示。

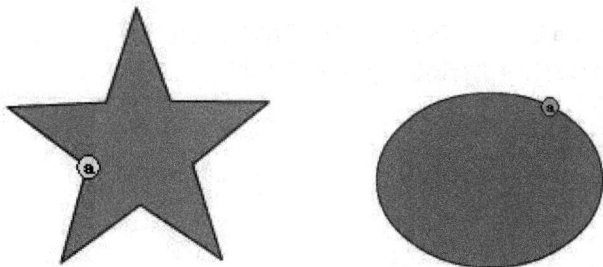

图6-31 调整提示符成功

（c）在开始帧上再选择"修改"＞"形状"＞"添加形状提示"命令，在该帧的图形上又出现一个红色b字的提示符，同样在结束帧的图形中也出现一个红色b字的提示符，如图6-32所示。

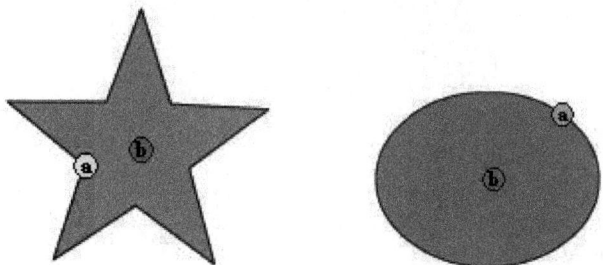

图6-32 添加第二个提示符

（d）用鼠标左键分别选中并按住两个b字提示符移动，将提示符放置在适当位置。添加成功后，开始帧上的提示符变为黄色，如图6-33（左图）所示；结束帧上的提示符变为绿色，如图6-33（右图）所示。

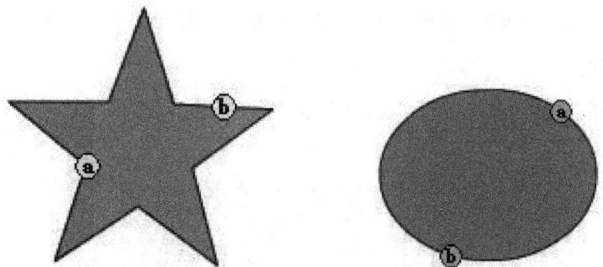

图6-33 调整提示符成功

（e）形状提示符添加成功后，按Ctrl+Enter组合键，浏览动画效果，可以发现添加提示与没有添加提示的动画变化有所不同。

**提 示**

如果"形状提示符添加不成功或不在一条曲线上时，则提示符的颜色不会发生改变。形状提示符包含从a到z的字母，因此一个形状补间动画最多可以添加26个提示符。

（f）删除单个形状提示时，在形状提示上单击鼠标右键，在快捷菜单中选择"删除提示"命令即可。

（g）删除全部的形状提示时，可选择"修改">"形状">"删除所有提示"命令（或在形状提示上单击鼠标右键，在快捷菜单中选择"删除所有提示"命令）。

---

**注　意**

在制作复杂的形状补间动画时，形状提示符的添加和拖动是需要多方位尝试的，并且要在观察变形效果的前提下，不断地对位置进行调整，方可获得成功。

---

### ❷ 设置动画补间属性

在实际应用中，动画的制作比较复杂，可以通过"属性"面板设置补间动画的属性来提高实例运动的复杂性。

#### （1）形状补间动画

当创建形状补间动画后，选中"窗口">"属性"命令，打开"属性"面板，如图6-34所示。在该面板中可以设置以下属性。

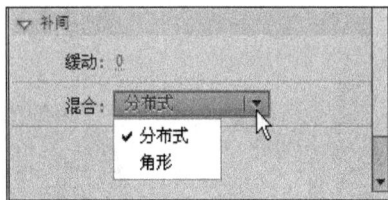

图6-34 形状补间动画属性

- 缓动：设置补间动画的缓动大小。
  * 在−1～−100之间：动画运动的速度从慢到快，向运动结束的方向加速补间。
  * 在1～100之间：动画运动的速度从快到慢，向运动结束的方向减速补间。
  * 为0（默认）：补间帧之间的变化速率是不变的。
- 混合：包括以下两个选项。
  * 分布式：创建的动画中间形状比较平滑和不规则。
  * 角形：创建的动画中间形状会保留有明显的角和直线，适合于具有锐化转角和直线的混合形状。

#### （2）传统补间动画

当创建了传统补间动画后，打开"属性"面板，如图6-35所示，在该面板中可以对以下属性进行设置。

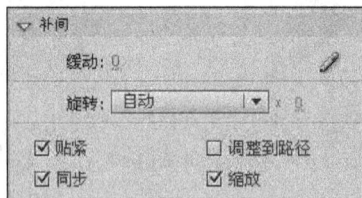

图6-35 传统补间动画属性

- 缓动：设置补间动画的缓动大小。默认的状态下，补间帧之间的变化速率不变，数值为0。
  * 若动画运动的速度加快，朝着动画运动结束方向加速补间，该数值应选择−1～−100。
  * 若动画的运动速度减慢，朝着动画运动结束方向减速补间，该数值应选择1～100。
- 自定义缓入/缓出：单击缓动选项后面的"编辑缓动"按钮，在弹出的"自定义缓入/缓出"对话框中可以直观地控制所有的动作补间属性，主要提供了对位置、旋转、缩放、颜色及滤镜等属性的独立控制，还可以精确地控制动画对象的速率，如图6-36所示。

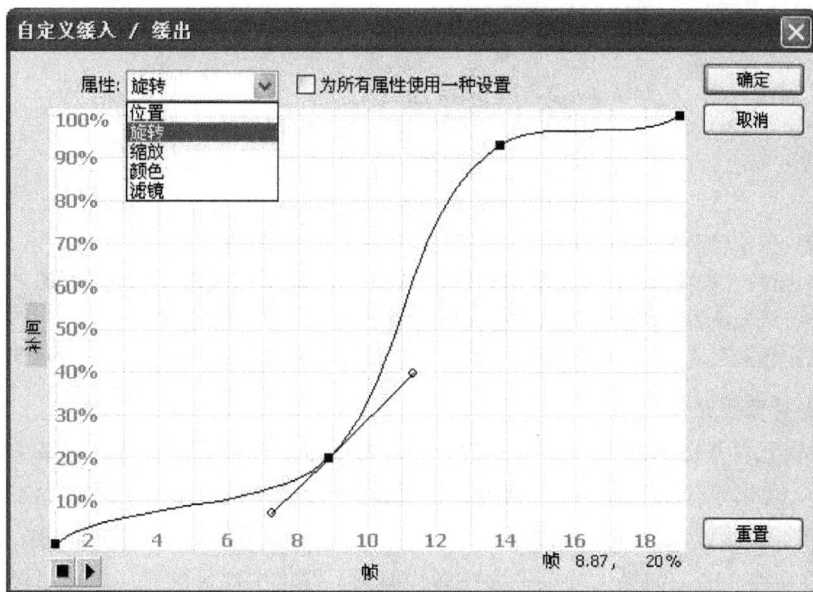

图6-36 "自定义缓入/缓出"对话框

- 旋转：控制对象在补间时旋转的方式，如图6-37所示。

  * 无（默认）：表示元件不旋转。
  * 自动：使元件在需要最小动作的方向上旋转1次。
  * 顺时针/逆时针：按指定方向旋转对象，并要求输入数值指定旋转的次数。

- 贴紧：可以使某一实体在某帧处抓取到导线位置，常用于引导图层动画
  的制作过程。

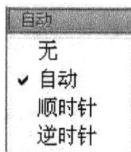

图6-37 "旋转"参数

- 调整到路径：可以使动画元素按指定的路径进行运动，即使对象随着路径的改变而调整自身的
  方向。
- 同步：对实例进行同步校准，可以确保实例中的影片片段能够在主影片中正确循环。
- 缩放：实现组或元件的尺寸变化。

## ❸ 元件类型

元件是Flash中一个比较重要且使用非常频繁的对象，元件可以是一个形状、一个动画，也可以是一个按钮。无论何种类型的元件一旦被创建，都将自动放置在"库"面板中，而且可以自始至终地在当前影片或其他影片中重复使用。

在Flash中可以制作的元件类型有3种：图形元件、按钮元件及影片剪辑元件，每种元件在影片中都具备特有的作用和特性。

### （1）图形元件

图形元件可用来重复应用静态的图片，也可以用到其他类型的元件当中。它与主时间轴同步进行，但不具有交互性，不可以添加声音，是3种Flash元件类型中最基本的类型。

### （2）按钮元件

按钮元件是Flash中一种特殊元件。它不同于图形元件，因为其在影片播放过程中的默认状态是静止的，可以根据鼠标的移动或单击等操作触发相应的动作，每个帧都可以通过图形、元件和声音来定义。在Flash中，按钮元件有4种状态，每种状态都有特定的名称。按钮元件的"时间轴"面板如图6-38所示。其中各项功能如下。

图6-38 按钮的时间轴

- 弹起：该帧表示当鼠标指针不接触按钮时，即按钮的原始状态。
- 指针经过：该帧表示当鼠标指针移动到该按钮上，但没有按下鼠标时按钮的状态。
- 按下：该帧表示当鼠标指针移动到按钮上并按下鼠标时，按钮的状态。
- 点击：该帧定义了鼠标单击的有效区域，该区域的对象在最终的SWF文件中不被显示。

### （3）影片剪辑元件

影片剪辑元件是Flash中最具有交互性、用途最多及功能最强的部分。它基本上是一个小的独立电影，可以包含交互式控件、声音，甚至其他影片剪辑实例；可以将影片剪辑实例放在按钮元件的时间轴内，以创建动画按钮。不过，由于影片剪辑具有独立的时间轴，所以它们在Flash中是相互独立的。如果主场景中存在影片剪辑，即使主电影的时间轴已经停止，影片剪辑的时间轴仍可以继续播放，这里可以将影片剪辑设想为主电影中嵌套的小电影。

## ❹ 创建元件

元件的创建分为新建元件和转换为元件两种形式。

### （1）新建元件

新建元件有以下3种方法。

（a）选择"插入">"新建元件"命令，在弹出的"创建新元件"对话框中输入元件名称，选择元件类型，如图6-39所示。单击"确定"按钮后，即可进入元件编辑状态。

（b）单击"库"面板底部的"创建新元件"按钮 🗗，在弹出的"创建新元件"对话框中创建。

（c）在"库"面板中单击右上角的 ▾≡ 按钮，在弹出的下拉菜单中选择"新建元件"命令（或者按快捷键Ctrl+F8），在弹出的"创建新元件"对话框中创建。

### （2）转换为元件

（a）选中舞台中创建的任意对象，选择"修改">"转换为元件"命令（或按快捷键F8）。

（b）在弹出的"转换为元件"对话框中，输入元件名称、选择要转换的元件类型，如图6-40所示。单击"确定"按钮后，即可将舞台中的对象转换为元件，而舞台中的对象不再称做"元件"，而被称做"元件实例"。

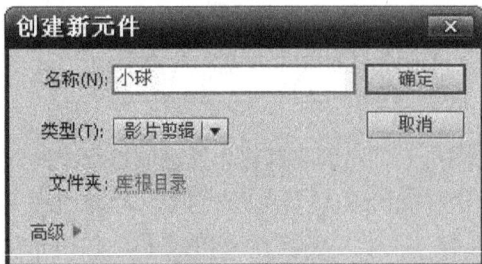

图6-39 创建新元件

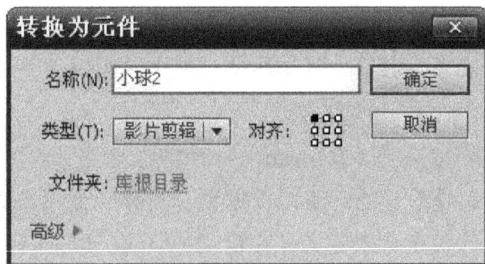

图6-40 转换为元件

**提 示**

另外，无论是新建的元件还是转换的元件，一旦元件被创建，该元件都会自动保存到"库"面板中。

## ❺ 实例的概念

实例的创建依赖于元件，它是元件在舞台中的具体表现。创建实例的过程就是将元件从"库"面板中拖放到舞台中，从此舞台中的元件就被称做"元件实例"。一个元件可以创建多个实例，而且对舞台中的实例进行调整仅影响当前实例，对"库"面板中的元件不产生任何影响（反之，则不然）。

## ❻ 设置实例的属性

（1）指定实例名称

（a）将一个影片剪辑元件从"库"面板中拖曳到舞台后，其"属性"面板如图6-41（左图）所示，在该面板的"实例名称"文本框中为实例命名。

（b）只有影片剪辑元件实例和按钮元件实例可以设置名称，如图6-41（右图）所示为按钮元件实例的"属性"面板。

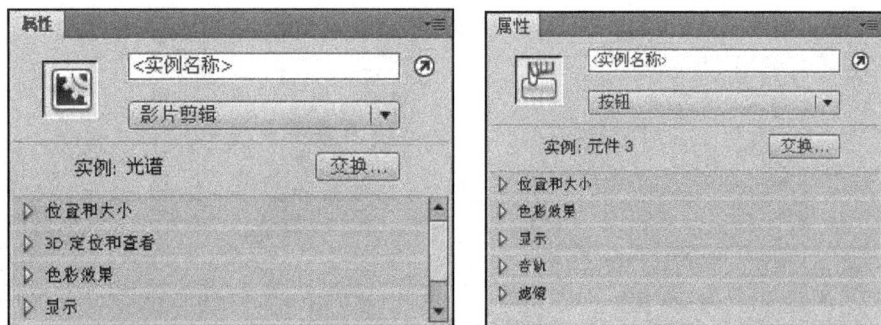

图6-41 "属性"面板

（c）图形元件实例是不需要进行名称设置的，其"属性"面板如图6-42所示。

（2）"色彩效果"选项

单击"属性"面板中的"色彩效果"选项，打开"样式"下拉列表，如图6-43所示。其中各项功能如下。

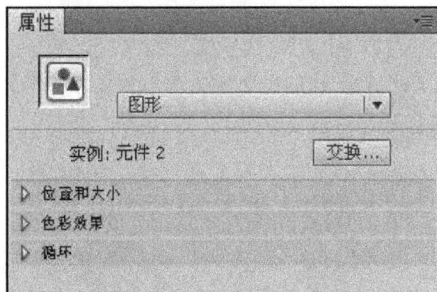

图6-42 图形元件实例"属性"面板　　　　图6-43 "样式"下拉列表

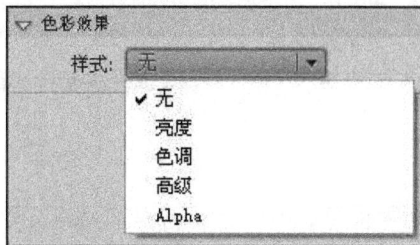

- 无：系统默认时的选项设置，表示不设置颜色效果。
- 亮度：用于设置实例的颜色亮度。选择该项后，将出现亮度的相关选项，如图6-44所示，通过

拖曳滑块改变文本框中的数值，可以设置实例的相对亮度和暗度。其中，0%为实例的实际亮度，如图6-45所示；亮度调为100%代表纯白色，亮度调为-100%代表纯黑色，效果如图6-46所示。

图6-44 "亮度"参数

图6-45 亮度为0%时的实例

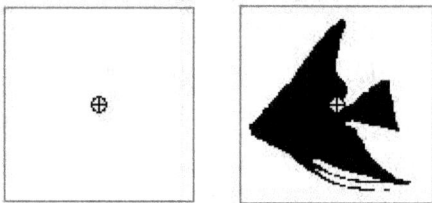

图6-46 亮度为100%和-100%时的实例

- 色调：用于在同一色调的基础上调整实例的颜色。选择该项后，将出现"色调"的相关选项，如图6-47所示。其中各项功能如下。

  * 色块▭：单击该色块，在弹出的调色板中设置色调的颜色。
  * 色调：用于设置实例色调的饱和程度。使用滑块可以设置色调百分比，取值范围为0%～100%，数值为0%时所选颜色不受影响；数值为100%时所选颜色将完全取代原有颜色。如图6-48所示为当色调为绿色的50%和100%时的实例。
  * 红、绿、蓝：同色块的作用，通过拖曳滑块或文本框中输入数值，可以设置色调的颜色。

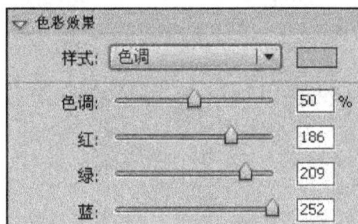

图6-47 "色调"选项

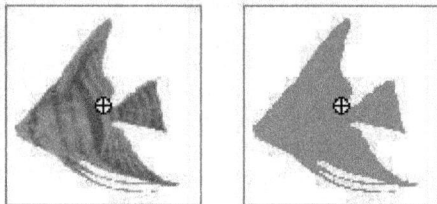

图6-48 色调为绿色的50%和100%时的实例

- 高级：通过分别调整红、绿、蓝和透明度的数值，对实例进行综合设置（这在制作颜色变化非常精细的动画时非常有用）。选择该项后，将出现"高级"的相关选项，如图6-48所示。其中，左侧的各项按照指定的百分比降低颜色或透明度的值，而右侧的各项按照常数值降低/增大颜色或透明度的值。将当前的红、绿、蓝和Alpha（透明度）的值都乘以百分比值，然后加上右列中的常数值，就会产生新的颜色值。

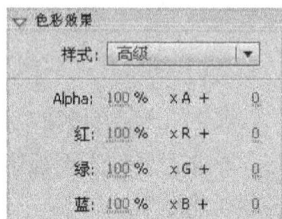

图6-49 "高级"选项

- Alpha：用于调整实例的透明度。选中该项后，将出现Alpha的相关选项，如图6-50所示。取值范围为0%～100%，数值为0%时实例完全不可见；数值为100%时实例将完全可见。这些值可以直接输入，也可以通过拖曳滑块来调整。如图6-51所示为Alpha为0%和50%时的实例。

图6-50 Alpha选项

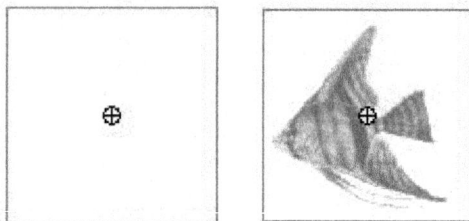

图6-51 Alpha为0%和50%时的实例

## ❼ 改变实例类型

在Flash CS5中，实例的类型是可以相互转换的，通过改变实例的行为来重新定义该实例在动画中的类型。比如，需要一个图形元件有按钮元件的行为，这时不必重新创建元件，只需对实例的行为进行修改即可。

选中舞台中的元件实例，打开"属性"面板，在该面板中有3种类型可供选择，分别是"影片剪辑"、"按钮"和"图形"，如图6-52所示。对应不同的类型，"属性"面板显示的内容也各不相同。

### （1）"影片剪辑"类型

要将选中的元件实例改变为"影片剪辑"类型，首先要在"属性"面板的"名称"框中输入该实例的名称，以便在脚本中对该实例进行控制，如图6-53所示。

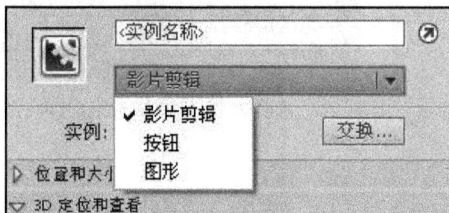

图6-52 实例的3种类型

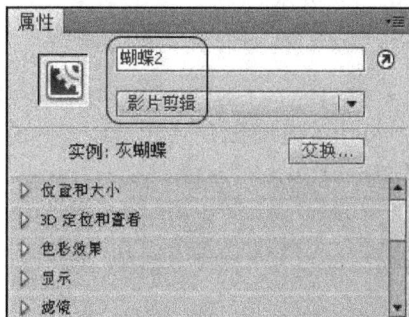

图6-53 "影片剪辑"类型的"属性"面板

### （2）"按钮"类型

除了可以对该实例命名外，在"属性"面板中还出现了另外两个选项，如图6-54所示。

- 音轨作为按钮：忽略其他按钮上触发的事件，例如在"按钮甲"上单击鼠标，然后移动到"按钮乙"上松开鼠标，则"按钮乙"对这个鼠标松开的动作进行忽略。
- 音轨作为菜单项：接收同样性质按钮触发的事件。

### （3）"图形"类型

其"属性"面板如图6-55所示。在"图形"类型下，不能对该实例进行命名，但它有自己独特的属性，打开"循环"选项组下的"选项"下拉列表，其中各项功能如下。

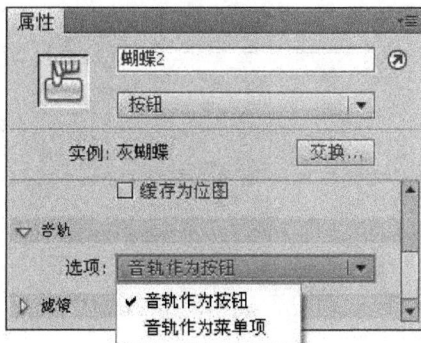

图6-54 "按钮"类型的两个选项

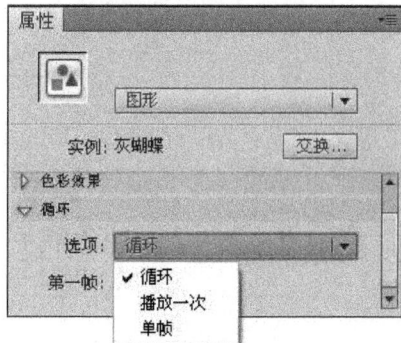

图6-55 "图形"类型的选项

- 循环：用于循环播放该实例内的所有动画序列。也就是说，如果该实例在主时间轴上有15帧，而该实例中有5个帧的动画，那么动画会循环播放3遍。

- 播放一次：用于当该实例内的动画序列播放一次后自动停止。
- 单帧：用于显示动画序列中某一帧，需要指定显示的帧号，并不播放动画。

# 独立实践任务

## 任务四 ▶ 制作简单波浪线动画

### 🗁 任务背景
制作一个自然涌动的波浪形动画，效果如图6-56所示。

### 🗁 任务要求
波浪线运动时，要符合其变化的规律。

【技术要领】线条工具和选择工具的使用；翻转帧；形状
　　　　　　补间动画。
【解决问题】形状补间动画。
【素材来源】光盘\素材与源文件\模块06\任务4\简单波
　　　　　　浪线动画.swf。

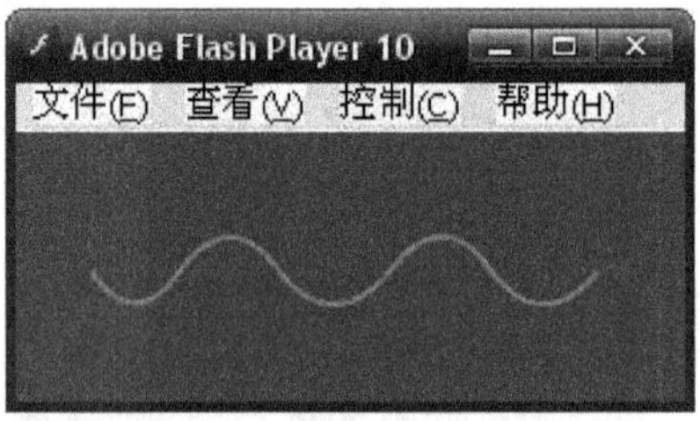

图6-56 简单波浪线动画效果

### 🗁 任务分析

_____

_____

_____

_____

_____

_____

_____

_____

_____

_____

_____

_____

_____

_____

_____

◆ 主要制作步骤

_____

_____

_____

_____

_____

_____

_____

_____

_____

_____

_____

_____

# 职业技能知识点考核

## 1. 单项选择题

（1）一个形状补间动画最多可以添加（    ）个提示符。

A. 10             B. 8             C. 26             D. 无数

（2）在Flash中有一个独立的、交互功能很强的，可以包含交互式控件、声音，甚至其他影片剪辑实例的是（    ）元件。

A. 图形           B. 按钮           C. 影片剪辑       D. 图像

## 2. 多项选择题

（1）补间动画是指（    ）动画、（    ）动画和（    ）动画。

A. 形状补间       B. 逐帧           C. 补间           D. 传统补间

（2）传统补间动画可以实现对象的（    ）、（    ）、（    ）和（    ）等变化的设置。

A. 大小           B. 颜色           C. 声音           D. 位置

## 模块

# 07

# 制作引导线动画

本模块主要学习和实践在Flash中使用引导层制作沿路径运动的效果。

## 能力目标

能够利用引导层制作沿路径运动的动画效果。

## 专业知识目标

1. 理解引导层动画的原理
2. 理解引导层的概念
3. 熟悉"库"的作用和操作

## 课时安排

6课时（讲授4课时；实践2课时）

## 任务参考效果图

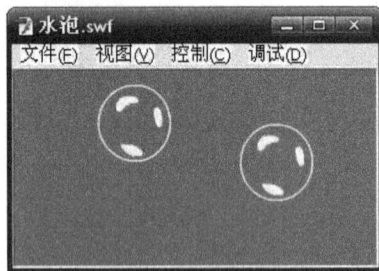

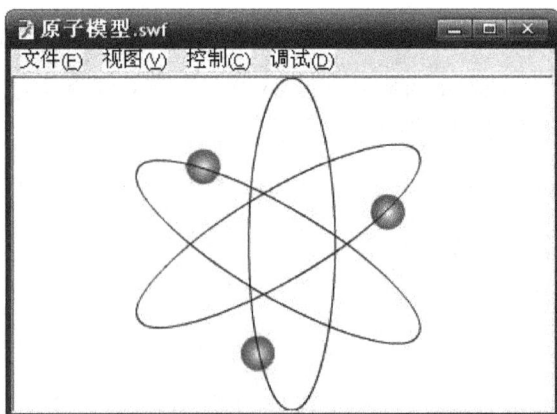

# 知识储备

## 知识一 ▶ 引导层动画和普通引导层

### 1. 引导层动画

引导层动画就是通过创建引导层，使引导层中的对象沿着引导层中的路径进行运动的动画。这种动画可以使一个或多个元件完成曲线运动或不规则运动。

引导层动画的创建需要通过创建引导层来实现。使用引导层可以在制作动画时更好地组织舞台中的对象，对对象的运动路径进行精确的控制。引导层在影片制作过程中起辅助作用，在发布Flash动画时不会显示在Flash影片的屏幕中。引导层分为普通引导层和运动引导层两种，这里先对普通引导层进行介绍。

### 2. 普通引导层

普通引导层在Flash影片中起辅助静态对象定位的作用。选中要作为引导层的图层，单击鼠标右键，在弹出的快捷菜单中选择"引导层"命令，即可将该图层设置为普通引导层，如图7-1（左图）所示；在图层区域以 ✎ 图标表示，如图7-1（右图）所示。

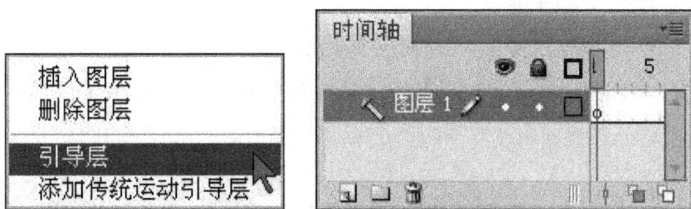

图7-1 创建普通引导层

> **提示**
>
> 将一般图层转换为普通引导层后，图层的名称不改变。对普通引导层的操作同一般图层，不同的是在复制引导层后，粘贴出来的是一般图层，而不是普通引导层。

## 知识二 ▶ 运动引导层动画

### 1. 创建运动引导层

在Flash动画中，为对象创建曲线运动或使它沿指定的路径运动，需要借助运动引导层来实现。选中要添加引导层的"图层1"，单击鼠标右键，在弹出的快捷菜单中选择"添加传统运动引导层"命令，如图7-2（左图）所示，即可在"图层1"的上方添加一个运动引导层 ⌒，如图7-2（右图）所示。

### 2. 引导线

运动引导层可以描绘物体运动的轨迹，而运动轨迹又称为引导线。因此，添加了运动引导层后，必须在该图层中绘制引导线，则运动物体才能沿着引导线运动。

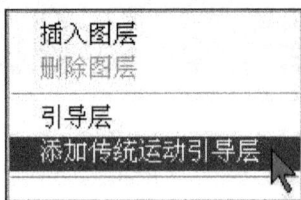

图7-2 添加运动引导层

选中引导图层的某一帧，拖动鼠标，在舞台中绘制一条路径，例如一个椭圆或一条曲线，这条路径被称做引导线，选择橡皮擦工具，将引导线擦出一个小缺口，即可完成运动引导线的创建，如图7-3所示。

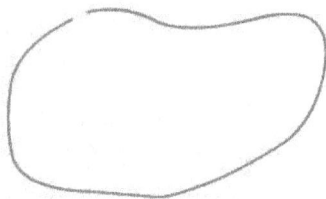

图7-3 运动引导线

### 3．制作运动引导动画的注意事项

在制作运动引导动画的过程中，如果制作过程不正确，将会造成被引导的对象不能沿引导路径运动。因此，在制作运动引导动画时，应该注意以下几个问题。

（1）引导线应是一条从头到尾连续贯穿的线条，线条不能中断（不包括擦除的小缺口）。

（2）引导线不能交叉和重叠。

（3）引导线的转折不宜过多，转折处也不能过急。

（4）被引导对象的中心点必须准确地吸附到引导线上，否则被引导对象将无法沿引导路径运动。

# 模拟制作任务

## 任务一 制作水泡运动动画

### 任务背景

制作一个水泡上升的动画，效果如图7-4所示。

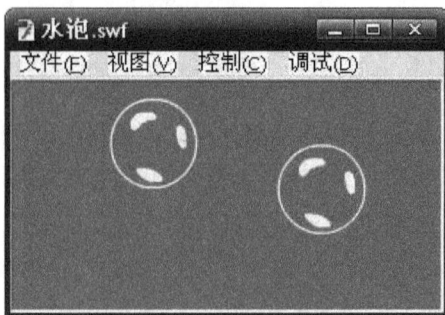

图7-4 水泡上升运动效果

## 任务要求

创建模拟水泡运动的动画。

## 任务分析

引导动画是指物体沿着设计的路径进行运动的动画。要让水泡很自然地上升，首先需要绘制一条引导线，然后在首尾关键帧中将制作好的"水泡"元件分别拖放到引导线的两端，利用引导关系将它们联系在一起，生成补间动画，这样水泡就能自然地沿着路径上升。

## 重点、难点

① 创建图形元件和影片剪辑元件。

② 椭圆工具和刷子工具的应用。

③ "对齐"面板的运用。

④ 创建运动引导层，绘制引导线。

⑤ 创建传统补间动画。

【技术要领】使用"线条工具"绘制引导线；将"水泡"元件分别拖动到引导线的两端；生成传统补间动画。

【解决问题】沿路径运动。

【素材来源】光盘\素材与源文件\模块07\任务1\水泡.swf。

【视频教程】光盘\视频教程\模块07\水泡.avi。

## 操作步骤详解

### 创建文档

**Step 01** 启动Flash CS5，创建一个新文档。选中"修改">"文档"命令，打开"文档设置"对话框，在该对话框中修改舞台背景为淡蓝色，其他属性选项保持默认。

**Step 02** 选择"文件">"保存"命令，将新文档保存到"素材与源文件\模块07\任务1"文件夹下，并为文档命名为"水泡.fla"。

### 创建元件

**Step 03** 选择"插入">"新建元件"命令，创建一个名为"水泡"的图形元件，如图7-5所示。单击"确定"按钮，进入元件编辑状态。

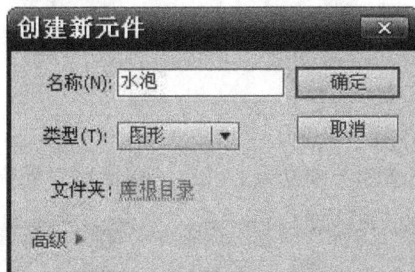

图7-5 创建元件

**Step 04** 选择椭圆工具，拖动鼠标，在编辑区绘制一个无填充色、白色笔触颜色、笔触高度为1.5的圆，如图7-6（左图）所示。选中所绘制的图形，利用"对齐"面板使其相对于舞台居中对齐。

**Step 05** 选择刷子工具，设置填充颜色为白色，拖动鼠标在圆中涂几下，如图7-6（右图）所示。

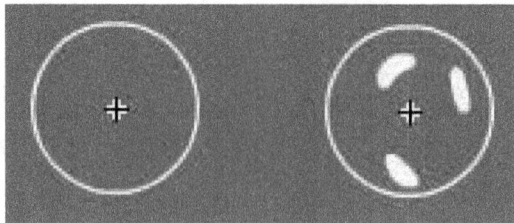

图7-6 "水泡"元件

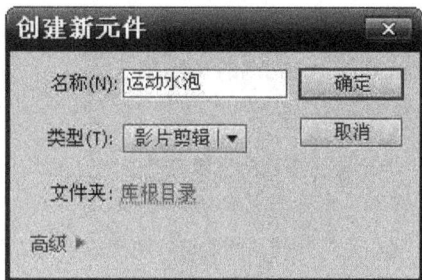

图7-7 创建影片剪辑元件

Step **06** 选择"插入">"新建元件"命令，创建一个名为"运动水泡"的影片剪辑元件，如图7-7所示。单击"确定"按钮，进入元件编辑状态。

## 创建引导层

Step **07** 在"图层1"的名称处单击鼠标右键，在弹出的快捷菜单中选择"添加传统运动引导层"命令，添加引导图层，如图7-8所示。

Step **08** 选中引导层的第1帧，选择线条工具，拖动鼠标，在舞台中绘制一条垂直的直线，利用选择工具将其调整为曲线，如图7-9（左图）所示。

Step **09** 选中"图层1"的第1帧，打开"库"面板，从"库"中将元件"水泡"拖到舞台；选择任意变形工具，调整水泡的大小，然后将水泡拖到曲线的下端点，当水泡的中心圆圈变大时，松开鼠标，水泡即可附着在曲线上，如图7-9（中图）所示。

Step **10** 在引导层的第25帧处插入延长帧。选中"图层1"的第25帧，按F6键，插入一个关键帧。选中第25帧的水泡，将水泡移动到引导线的上端点，如图7-9（右图）所示。

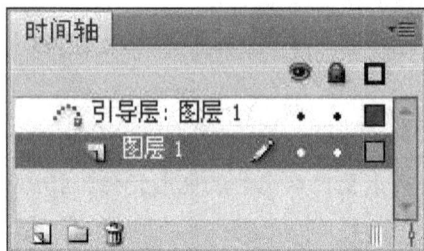

图7-8 创建引导层

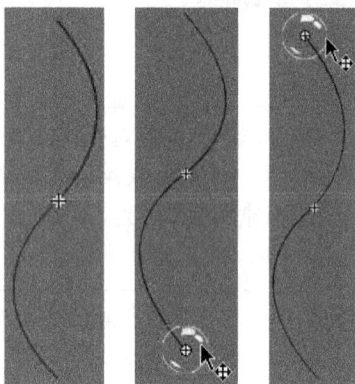

图7-9 引导线

## 创建补间动画

Step **11** 用鼠标右键单击"图层1"的第1～25帧之间的任意一帧，在弹出的快捷菜单中选择"创建传统补间"命令，创建运动补间动画。此时"时间轴"面板如图7-10所示。

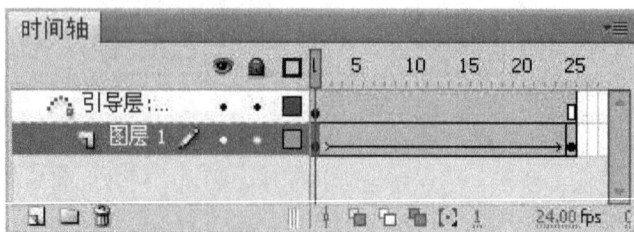

图7-10 "时间轴"面板

注　意

在拖动水泡至引导线之前，要将工具箱中的辅助选项"贴紧至对象"按钮按下。

### 组织场景

**Step 12** 按Ctrl+E键，返回主场景。打开"库"面板，从中将影片剪辑元件"运动水泡"拖到舞台，选中水泡实例，然后按Ctrl+D快捷键，复制出3个实例（舞台上共有4个元件实例）。

**Step 13** 选中每一个元件实例，打开"属性"面板，在该面板中调整元件实例的位置、大小和透明度，让它看起来显得更加自然一点，如图7-11所示。

**Step 14** 选中第5帧，按F6键，插入关键帧，调整每一个水泡的位置，并删除其中一个水泡，如图7-12所示。

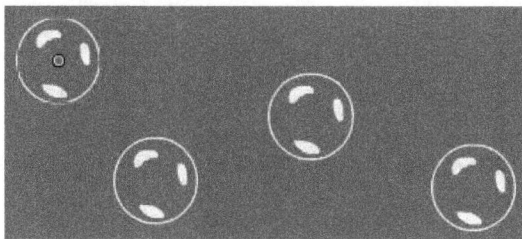

图7-11 调整元件实例的属性

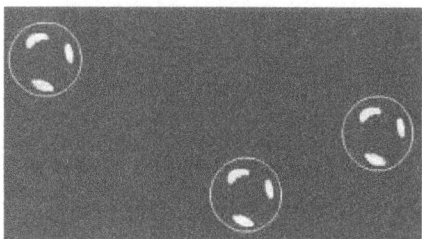

图7-12 调整实例的位置

**Step 15** 选中第10帧，按F6键，插入关键帧，调整水泡的位置，再删除其中一个水泡，如图7-13（左图）所示。选中第15帧，按F6键，插入关键帧，调整水泡的位置，如图7-13（右图）所示。

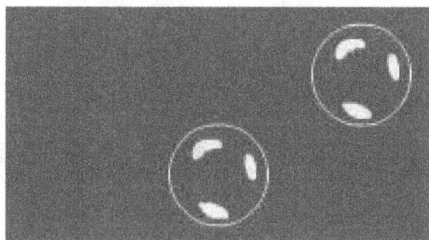

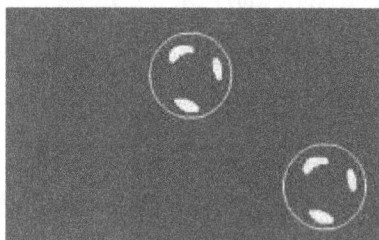

图7-13 调整元件实例的位置

**Step 16** 制作结束后，保存文件，"时间轴"面板如图7-14所示。按Ctrl+Enter组合键，测试并浏览动画效果。

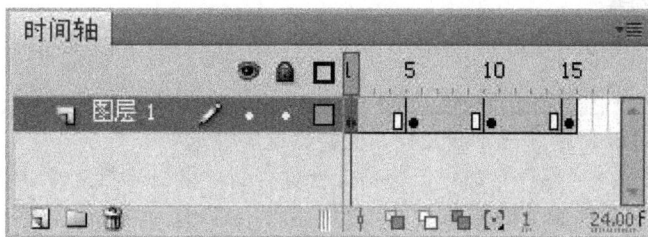

图7-14 最终的"时间轴"面板

## 任务二　制作原子模型动画

### 任务背景

制作一个模拟原子模型运动的动画，其效果如图7-15所示。

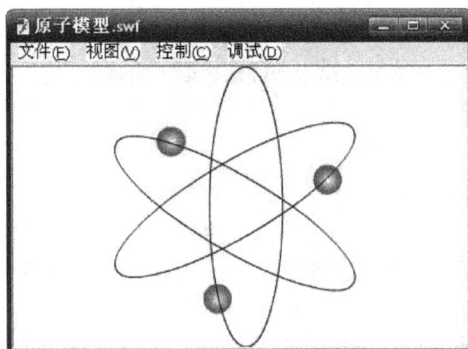

图7-15 原子模型动画效果

### 任务要求

创建引导线动画。

### 任务分析

要使物体沿固定轨道运动，一定要创建引导线，将物体放置在引导线的首尾两端，然后创建运动补间动画，即可使得物体沿规定的路径运动。

### 重点、难点

① 创建影片剪辑元件。

② 创建运动引导层，绘制引导线。

③ "转换为元件"命令和"分离"命令的应用。

④ "对齐"面板和"变形"面板的运用。

⑤ 创建传统补间动画。

> 【技术要领】使用椭圆工具绘制引导线；将"小球"元件分别拖动到引导线的两端；生成运动补间
> 　　　　　动画。
> 【解决问题】沿路径运动。
> 【素材来源】光盘\素材与源文件\模块07\任务2\原子模型.swf。
> 【视频教程】光盘\视频教程\模块07\原子模型.avi。

## 操作步骤详解

### 创建文档

Step **01** 启动Flash CS5，创建一个新文档，保持默认属性选项。

Step **02** 选择"文件">"保存"命令，将新文档保存到"素材与源文件\模块07\任务2"文件夹下，并为文档命名为"原子模型.fla"。

### 创建影片剪辑元件

Step **03** 选择"插入">"新建元件"命令，创建一个名为"球1"的影片剪辑元件，如图7-16所示。单击"确定"按钮，进入元件编辑状态。

### 创建运动引导层

Step **04** 单击"图层1"的名称处，在弹出的快捷菜单中选择"添加传统运动引导层"命令，添加引导图层，如图7-17所示。

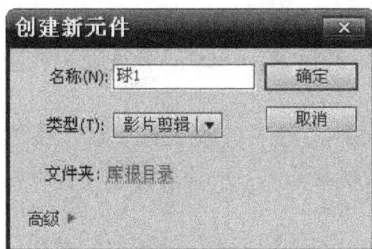

图7-16 创建影片剪辑元件

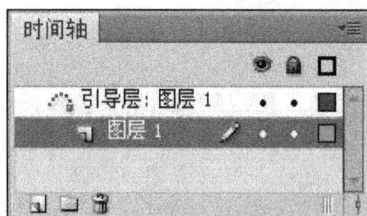

图7-17 添加运动引导层

**Step 05** 选中引导层的第1帧，选择椭圆工具，拖动鼠标，在舞台中绘制一个无填充色的椭圆边框，利用"对齐"面板使其相对于舞台居中对齐。

**Step 06** 选中该椭圆边框，选择"修改" > "转换为元件"命令，将其转换成名为"引导线"的图形元件，再选择"修改" > "分离"命令，将图形打散；选择橡皮擦工具，在引导线上擦出一个小缺口，如图7-18所示。

**Step 07** 选中"图层1"的第1帧，选择椭圆工具，打开"颜色"面板，选择"径向渐变"填充类型，填充颜色从左到右为白色和紫红色，拖动鼠标，在舞台中绘制一个无边框的小球，如图7-19所示。

图7-18 绘制椭圆

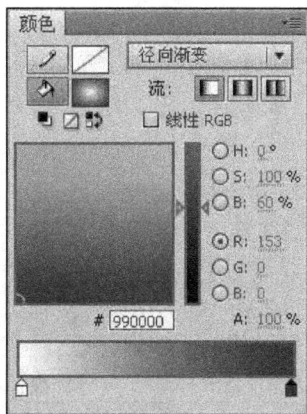

图7-19 绘制渐变小球

**Step 08** 选中小球，选择"修改" > "转换为元件"命令，将其转换成名为"球"的图形元件，如图7-20（右图）所示；将小球放置在引导线旁，如图7-20（右图）所示。

图7-20 将小球转换为元件图形

## 创建传统补间动画

**Step 09** 选中引导层的第25帧，按F5键，插入延长帧。

**Step 10** 单击"贴紧至对象"按钮![icon]，选中"图层1"的第1帧，用鼠标按住小球并将其拖动到引导线缺口的下端点。当小球中心的圆圈变大时，松开鼠标，小球即可吸附在椭圆上，如图7-21（左图）所示。

**Step 11** 选中"图层1"的第25帧，按F6键，插入关键帧，选中该帧上的小球，按住鼠标左键，将其拖放到引导线缺口的上端点上。当小球中心的圆圈变大时，松开鼠标，小球即可吸附在椭圆上，如图7-21（右图）所示。

**Step 12** 用鼠标右键单击第1～25帧中的任意一帧，在弹出的快捷菜单中选择"创建传统补间"命令，创建运动补间动画。

**Step 13** 将"图层1"和引导层锁定，选中引导层，单击"新建图层"按钮，添加"图层3"，打开"库"面板，从中将图形元件"引导线"拖到编辑区，与引导层的引导线重合，如图7-22所示。

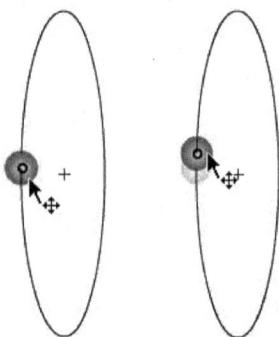

图7-21 移动小球到引导线

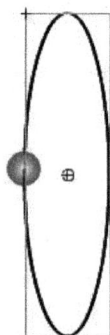

图7-22 拖入元件

**Step 14** 此时的"时间轴"面板如图7-23所示。

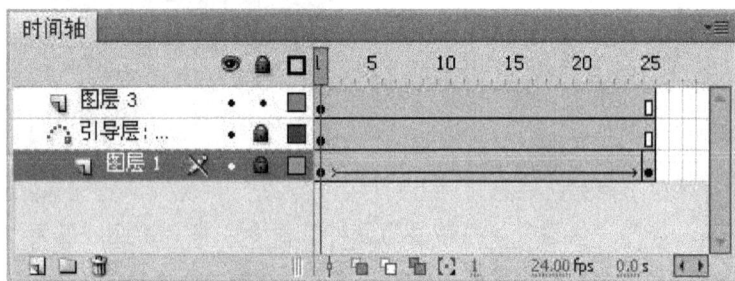

图7-23 "时间轴"面板

## 组织场景

**Step 15** 按Ctrl+E快捷键，返回主场景，打开"库"面板，从中将影片剪辑元件"球1"拖到舞台；选择任意变形工具，调整元件实例的大小，再利用"对齐"面板使其相对于舞台居中对齐。

**Step 16** 选中舞台中的元件，单击鼠标右键，在弹出的快捷菜单中选择"复制"命令，然后再选择"粘贴"命令，复制出另外两个元件，如图7-24所示（或直接选择"粘贴到当前位置"命令）。

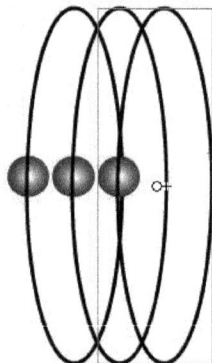

图7-24 复制元件实例

Step **17** 分别选中3个元件实例，利用"对齐"面板使其相对于舞台居中对齐。

Step **18** 选中其中的一个元件，打开"变形"面板，在该面板中修改旋转角度为120°，如图7-25（左图）所示；选中的元件立刻被顺时针旋转了120°，如图7-25（中图）所示。

Step **19** 选中重叠的第二个元件实例，在"变形"面板中修改旋转角度为–120°，被选中的元件立刻被顺时针旋转了–120°，如图7-25（右图）所示。

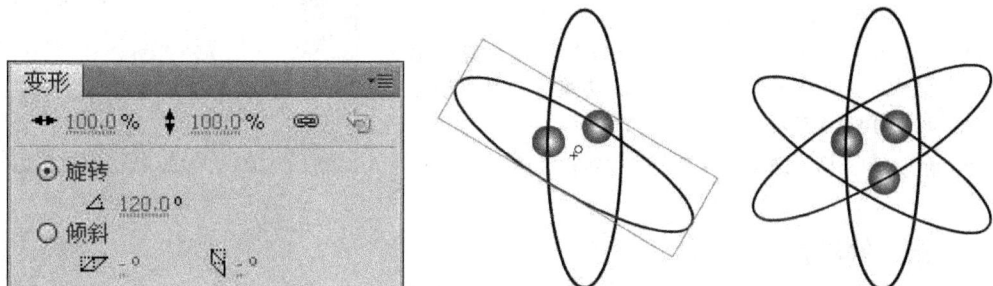

图7-25 旋转元件实例

Step **20** 制作完毕后，保存文件，按Ctrl+Enter组合键，测试并浏览动画效果。

# 知识点拓展

## ❶ "库"面板的构成

在Flash CS5中，"库"面板用来存储在制作动画时创建的元件、导入的视频剪辑文件、音频文件、位图及导入的矢量图形等内容。用户可以通过共享库资源，方便地在多个影片中使用一个库中的资源，提高动画的制作效率。

Flash的"库"面板中包括了工具栏、预览窗口、库文件列表、菜单及一些相关的库文件管理工具等，如图7-26所示。"库"面板的工具栏中有4个按钮，可以通过这4个按钮对库中的文件进行管理。其中各项功能如下。

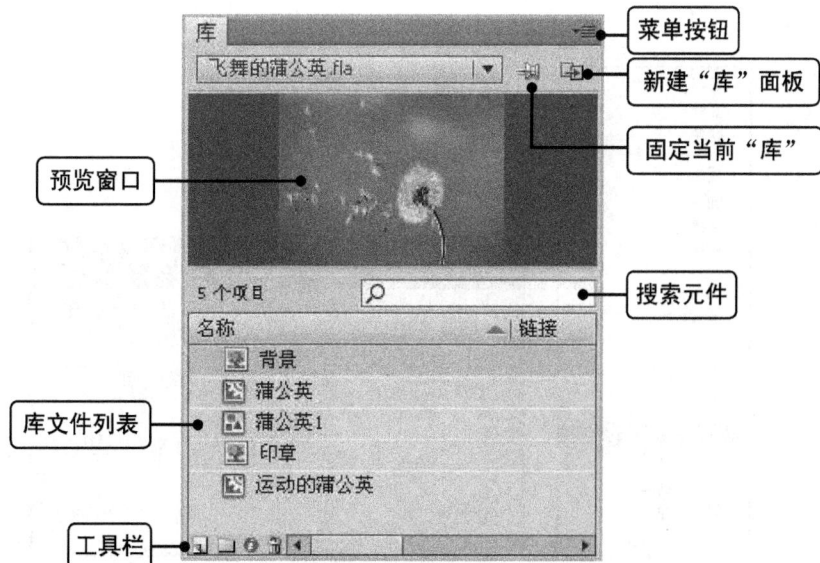

图7-26 "库"面板

- 新建元件📄：单击此按钮，会弹出"创建新元件"对话框，可以设置新建元件的名称及新建元件的类型。
- 新建文件夹📁：在一些复杂的Flash文件中，库文件通常会十分繁多，管理起来十分不方便。因此需要使用创建新文件夹的功能，在库中创建一些文件夹，将同类的文件放入到相应的文件夹中，可使元件的调用更灵活方便。

图7-27 "元件属性"对话框

- 属性ℹ️：用于查看和修改库元件的属性，在弹出的对话框中显示了元件的名称、类型等一系列的信息，如图7-27所示。
- 删除🗑️：用来删除库中多余的文件和文件夹。

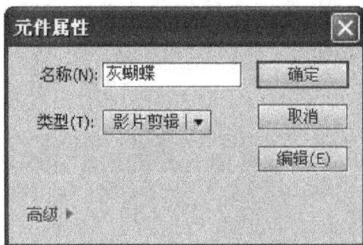

❷ "库"的操作

（1）常规操作

单击"库"面板右侧的"菜单"按钮▾☰，弹出选项菜单，如图7-28所示（菜单太长，分为两个部分）。通过菜单中的命令，可以创建/删除元件、编辑元件、复制元件、为元件命名、创建元件文件夹等一系列的操作。

（2）在"库"面板中更改元件类型

从"库"面板中可以很方便地更改元件的类型，具体操作步骤如下。

（a）用鼠标右键单击"库"中需要更改类型的元件，弹出选项菜单，在其中选择"属性"命令，如图7-29（左图）所示。

（b）弹出"元件属性"对话框，在"类型"下拉列表中选择某个类型即可，如图7-29（右图）所示。

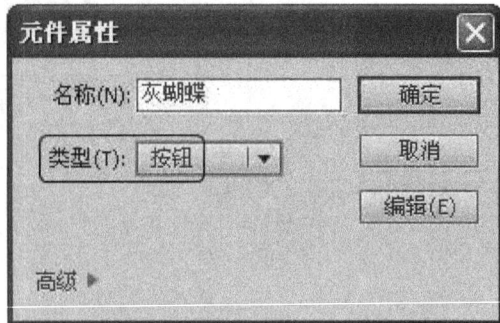

图7-28 选项菜单

图7-29 更改元件类型

（3）从"库"面板中进入元件编辑模式

从"库"面板中也可以直接进入元件的编辑模式，具体操作步骤如下。

（a）在"库"面板中选定元件，使其显示在"预览"窗口中。

（b）在选项菜单中选择"编辑"命令，进入元件的编辑工作区，即可进行元件的编辑。

（4）共享"库"元件

Flash中除了可以使用自己创建的元件外，还可以将其他动画中的元件调用到当前动画中，具体操作步骤如下。

（a）在当前文件中，选择"文件">"导入">"打开外部库"命令，弹出"作为库打开"对话框，如图7-30所示。

（b）选择要打开的动画文件，单击"打开"按钮，即可在当前动画下打开外部动画的"库"面板，如图7-31所示。

图7-30 "作为库打开"对话框

图7-31 外部"库"面板

（c）从打开的外部"库"中选取图片或元件，将其拖到当前动画舞台中，即可使用。

### ❸ 公用库

选择"窗口">"公用库"命令，在下拉菜单中可以看到"按钮"、"类"和"学习交互"3个命令。

（1）"按钮"库

选择"窗口">"公用库">"按钮"命令，弹出按钮"库"面板。其中包括多个文件夹，双击其中的某个文件夹将其打开，即可看到该文件夹中包含的多个按钮文件；单击选定其中的一个按钮，便可以在"预览"窗口中预览，"预览"窗口右上角的▶（播放）按钮和■（停止）按钮可以用来查看按钮效果，如图7-32所示。

（2）"类"库

选择"窗口">"公用库">"类"命令，打开该库，可以看见其中有DataBinding（数据绑定）、Utils（组件）及WebService（网络服务）3个选项，如图7-33所示。

### （3）"声音"库

选择"窗口">"公用库">"声音"命令，弹出声音"库"面板。其中包括各类声音文件，选中一个声音文件后，单击右上角的三角按钮，即可对该声音进行试听，如图7-34所示。

图7-32 按钮"库"面板

图7-33 类"库"面板

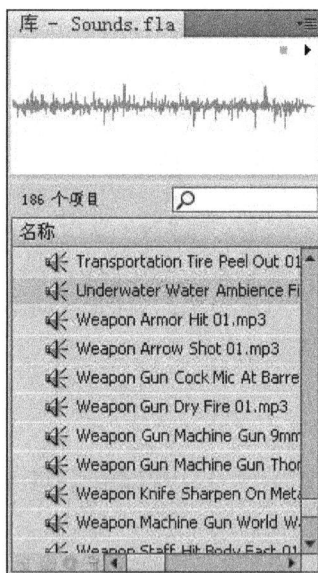

图7-34 声音"库"面板

# 独立实践任务

## 任务三 ▶ 制作纸飞机动画

### 🗂 任务背景

舞台中一个纸飞机，沿着固定的路径飞来飞去，效果如图7-35所示。

图7-35 纸飞机动画效果

### 🗂 任务要求

画面要清晰，纸飞机轻轻划过。要求绘制引导线，使纸飞机飞行的轨迹很优美、自然。

【技术要领】使用矩形工具和选择工具绘制、调整纸飞机；使用铅笔工具绘制引导线。

【解决问题】自由曲线运动。

【素材来源】光盘\素材与源文件\模块07\任务3\纸飞机.fla。

◈ 任务分析

_____

_____

_____

_____

_____

_____

_____

_____

_____

◈ 主要制作步骤

_____

_____

_____

_____

_____

_____

_____

_____

_____

_____

_____

# 职业技能知识点考核

## 1. 单项选择题

（1）运动引导层物体运动轨迹又称为（    ）。

A. 辅助线　　　　　　B. 引导线　　　　　　C. 定位线

（2）将一般图层转换为普通引导层后，图层的（    ）不变。

A. 图标　　　　　　　B. 颜色　　　　　　　C. 名称

## 2. 多项选择题

（1）引导线应是一条从头到尾连续贯穿的线条，线条不能（    ）、（    ）、
（    ）。

A. 中断　　　　　　　B. 太细　　　　　　　C. 重叠　　　　　　　D. 交叉

（2）在Flash CS5中，"库"面板是用来存储（    ）、（    ）和（    ）的。

A. 元件　　　　　　　B. 实例　　　　　　　C. 视频、音频文件　　D. 矢量图形

# 模块 08

# 制作遮罩动画

本模块主要学习遮罩动画制作的原理和方法，使学生学会使用遮罩制作出炫目、神奇效果的动画，同时引导学生创作各种效果的Flash动画。

## 能力目标

1. 能够制作简单的遮罩动画
2. 能够制作各种形状的遮罩
3. 熟悉骨骼动画的原理和简单的制作方法

## 专业知识目标

1. 理解遮罩的概念
2. 掌握遮罩的使用方法

## 课时安排

8（讲授4课时；实践4课时）

## 任务参考效果图

# 知识储备

## 知识一 ▶ 遮罩动画

### 1. 遮罩动画原理

利用遮罩原理创建动画是Flash中常用的一种技巧，遮罩动画必须要由两个图层才能完成，上面的一层称为遮罩图层，下面的一层称为被遮罩图层。遮罩层是一种比较特殊的图层，该层内一般绘制一些简单的图形、文字或渐变图形等，这些都可以成为透明的区域，透过这个区域可以看见下面图层的内容。因此，利用遮罩层的这个特性，可以制作出一些特殊效果。

### 2. 遮罩层的功能

遮罩层是制作Flash动画的一大利器，灵活运用遮罩层能够制作丰富多彩的动画效果。遮罩层的主要功能如下。

- 切割图形：利用遮罩层的"视窗"功能，可以从图形中切割出所需要的部分，如图8-1所示。

图8-1 切割图形

- 动态遮罩：在遮罩层或被遮罩层放入影片剪辑可以形成动态遮罩，由影片剪辑变化形成变幻效果，如图8-2所示。

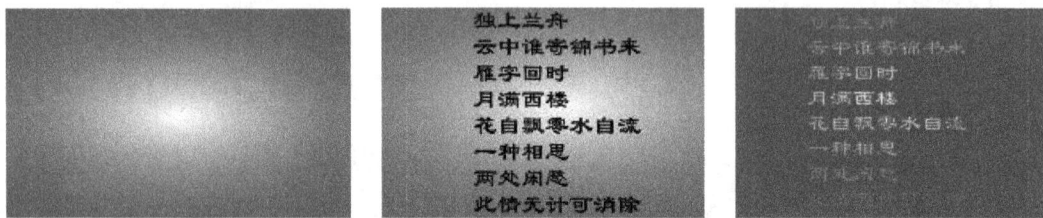

图8-2 动态遮罩

## 知识二 ▶ 创建遮罩图层

### 1. 利用菜单命令创建

使用快捷菜单创建遮罩层的方法最为快捷、方便，因此经常使用。在需要设置为遮罩层的图层名称处单击鼠标右键，在弹出的快捷菜单中选择"遮罩层"命令，如图8-3（左图）所示，即可将当前图层设置为遮罩层，而该图层的下一个图层被相应地设置为被遮罩层，如图8-3（右图）所示。

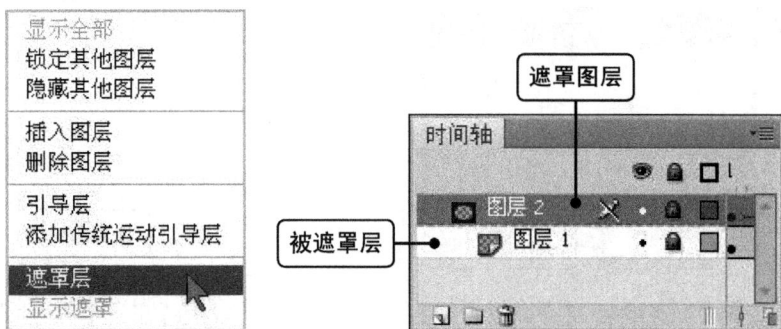

图8-3 利用菜单命令创建遮罩层

> **注　意**
>
> 在创建遮罩图层后，Flash将自动锁定遮罩层和被遮罩层。若编辑该图层必须解锁，一旦解锁，则不会显示遮罩效果；若需要遮罩效果，必须再次锁定两个图层。

## 2. 利用"图层属性"对话框创建

创建遮罩层的另外一种方法就是通过"图层属性"对话框创建。在"图层属性"对话框中除了设置遮罩层外，还要对被遮罩层进行具体设置，具体的操作如下。

**Step 01** 选择"时间轴"面板中需要设置为遮罩层的图层，选择菜单栏中的"修改">"时间轴">"图层属性"命令，即可弹出"图层属性"对话框。

**Step 02** 在"图层属性"对话框中，选择"类型"下的"遮罩层"单选按钮，如图8-4（左图）所示。单击"确定"按钮，即可将当前图层设置为遮罩层，如图8-4（右图）所示。

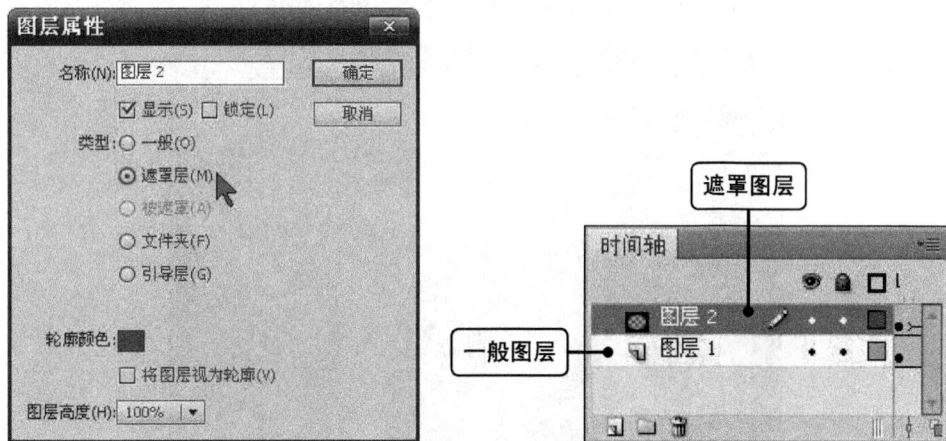

图8-4 使用"图层属性"对话框设置遮罩层

**Step 03** 选择"时间轴"面板中需要设置为被遮罩层的图层，打开"图层属性"对话框，在该对话框中选择"类型"下的"被遮罩"单选按钮，如图8-5（左图）所示。单击"确定"按钮，即可将当前图层设置为被遮罩层，如图8-5（右图）所示。

> **注　意**
>
> 遮罩层下面可以包含多个被遮罩层，但是不能将一个遮罩应用于另一个遮罩中，按钮内部不能有遮罩。

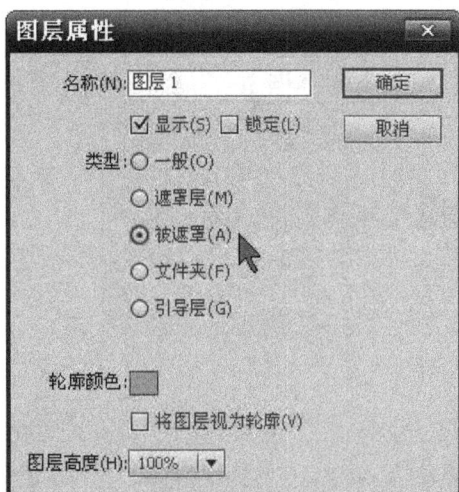

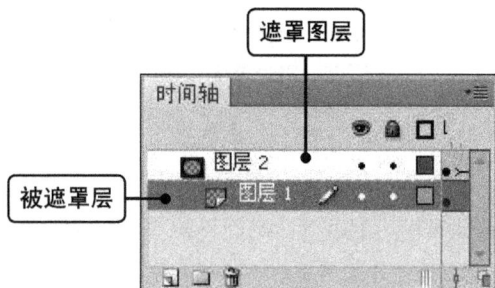

图8-5 设置被遮罩层

# 模拟制作任务

## 任务一 ▶ 瀑布

### 任务背景

本任务是利用遮罩原理制作一个使瀑布流动起来的动画，效果如图8-6所示。

图8-6 瀑布流动效果

### 任务要求

学会制作图形遮罩，并且制作出的流动的瀑布，水流要真实而自然。

### 任务分析

导入一张瀑布的图片作为背景，然后插入遮罩图层，在该图层中绘制图形，将该图形设置为遮罩层。

## 🔖 重点、难点

① 创建图形元件。

② 套索工具的使用。

③ 创建遮罩图层。

④ 创建运动补间动画。

【技术要领】创建遮罩图层；利用矩形工具绘制遮罩；创建传统补间动画。

【解决问题】遮罩的绘制、创建运动补间动画。

【素材来源】光盘\素材与源文件\模块08\任务1\瀑布.swf、背景1.jpg。

【视频教程】光盘\视频教程\模块08\瀑布.avi。

## 操作步骤详解

### 创建文档

**Step 01** 启动Flash CS5，创建一个新文档，保持默认属性选项。

**Step 02** 选择"文件">"保存"命令，将新文档保存到"素材与源文件\模块08\任务1"文件夹下，并为文档命名为"瀑布.fla"。

### 导入并编辑图片

**Step 03** 在"图层1"的第1帧处，选择"文件">"导入">"导入到舞台"命令，在"素材与源文件\模块08\任务1"文件夹下，导入名为"背景1"的图片，调整图片与舞台同等大小，利用"对齐"面板，将图片相对于舞台居中对齐，如图8-7所示，并在第50帧处按F5键，插入普通帧。

**Step 04** 用鼠标右键单击"图层1"的第1帧，在弹出的快捷菜单中选择"复制帧"命令。单击"新建图层"按钮，添加"图层2"。

**Step 05** 用鼠标右键单击"图层2"的第1帧，在快捷菜单中选择"粘贴帧"命令，选中图片，按键盘上的→方向键一次，然后在第50帧处按F5键，插入普通帧。

**Step 06** 锁定"图层1"并单击"显示/隐藏图层"按钮，将"图层1"隐藏。选中舞台上的图片，选择"修改">"分离"命令，将图片分离（呈麻点状），如图8-8所示。

图8-7 背景图片　　　　　　　　　　　　　　图8-8 分离图片

**Step 07** 使用套索工具和橡皮擦工具删除图片中非水部分，保留水的部分，如图8-9所示。锁定"图层2"，并将"图层2"隐藏。

## 创建遮罩元件

Step **08** 单击"新建图层"按钮，添加"图层3"，在第1帧处选择矩形工具，拖动鼠标，在舞台上绘制一个无边框的蓝色矩形条，设置尺寸为550×14（像素）。然后复制并粘贴该矩形，使两个矩形条两端平齐、上下相距8个像素。

Step **09** 选中两个矩形，再复制并粘贴该矩形对，使这两个矩形对两端平齐、上下相距8个像素，依此类推，直到矩形的高度超过图片的高度为止，如图8-10所示。

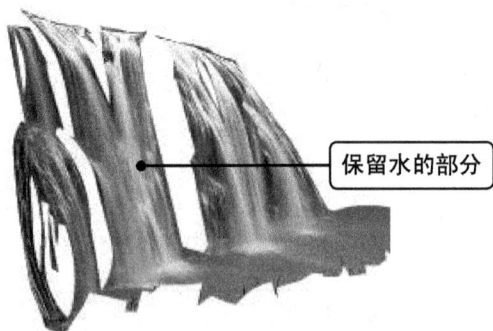

图8-9 删除图片中非水的部分

图8-10 制作"遮罩"

Step **10** 选中矩形组，选择"修改">"转换为元件"命令，将矩形组转换成名为"遮罩"的图形元件，如图8-11所示。显示隐藏的"图层1"和"图层2"的图片。

图8-11 转换元件

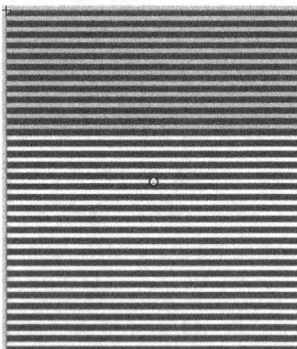

Step **11** 选中遮罩元件，按住Shift键的同时，使用方向键移动矩形，使得矩形的下边缘与图片的下边缘对齐，如图8-12（左图）所示。

Step **12** 在第50帧处按F6键，插入关键帧，按住Shift键的同时，使用方向键移动矩形，使得矩形的上边缘与图片的上边缘对齐，如图8-12（右图）所示。

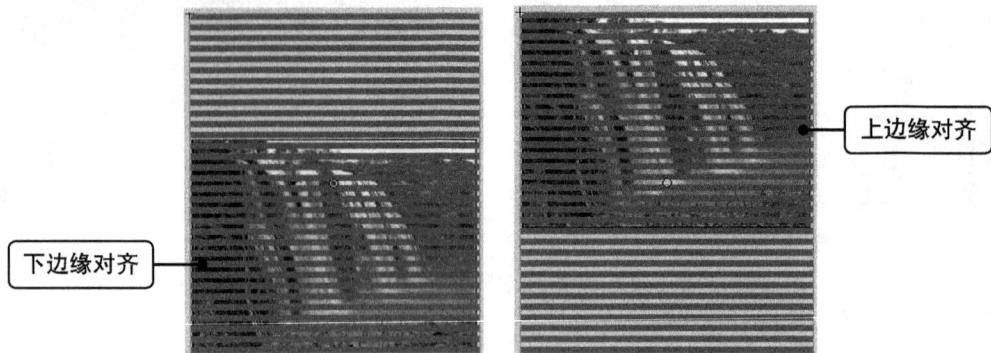

下边缘对齐

上边缘对齐

图8-12 第1帧和第50帧处"遮罩"的位置

**创建传统补间动画**

Step **13** 用鼠标右键单击第1~50帧之间的任意一帧，在弹出的快捷菜单中选择"创建传统补间"命令，创建运动补间动画。

Step **14** 用鼠标右键单击"图层3"的名称处，在快捷菜单中选择"遮罩层"命令，将"图层3"转换为遮罩层，此时"时间轴"面板如图8-13所示。

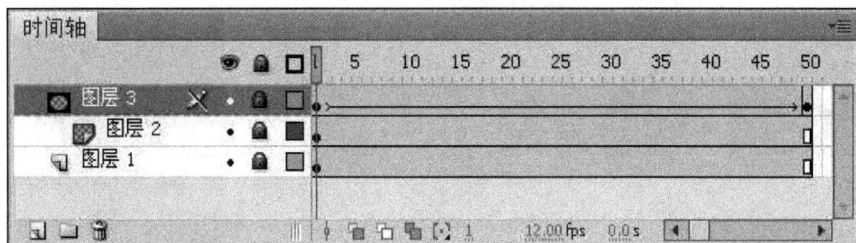

图8-13 "时间轴"面板

Step **15** 制作结束后，保存文件，按Ctrl+Enter组合键，输出动画并测试动画效果。

## 任务二 文字遮罩动画

### 📚 任务背景

本任务制作一个透过文本可见其底层且画面移动的遮罩动画，其效果类似于走马灯循环移动的效果，如图8-14所示。

### 📚 任务要求

学会制作文字遮罩。

图8-14 文字遮罩效果

### 📚 任务分析

导入一张图片作为背景，添加新图层，在该图层中书写文字并将该图层设置为遮罩层。

### 📚 重点、难点

① 创建遮罩图层。

② 创建运动补间动画。

【技术要领】利用文本工具输入文字；创建遮罩图层；创建传统补间动画。
【解决问题】文字遮罩的创建、创建运动补间动画。
【素材来源】光盘\素材与源文件\模块08\任务2\文字遮罩动画.swf、背景2.jpg。
【视频教程】光盘\视频教程\模块08\文字遮罩动画.avi。

## 操作步骤详解

**创建文档**

Step **01** 启动Flash CS5，创建一个新文档，设置舞台尺寸为400×200（像素），其他属性选项保持默认。

Step **02** 选择"文件">"保存"命令，将新文档保存到"素材与源文件\模块08\任务2"文件夹下，并为文档命名为"文字遮罩动画.fla"。

### 创建文字

**Step 03** 选择文本工具，拖动鼠标，在文本框中输入文字"渔舟唱晚"，将文字字体设置为隶书、字体大小设置为90点，利用"对齐"面板使其相对于舞台居中对齐，如图8-15所示。

**Step 04** 双击该图层的名称处，将该图层更名为"遮罩"。单击"新建图层"按钮，添加一个"图层2"，将其更名为"图片"，选中该图层，将其拖到"遮罩"图层的下方，如图8-16所示。

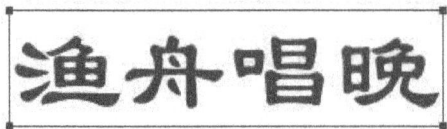

图8-15 输入文字

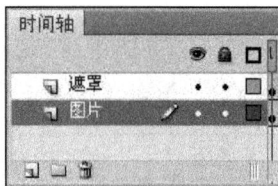

图8-16 图层顺序

### 创建图形元件

**Step 05** 选中"图片"图层的第1帧，选择"文件">"导入">"导入到舞台"命令，在"素材与源文件\模块08\任务2"文件夹下，导入一张名为"背景2"的图片，调整其尺寸为1200×200（像素），打开"对齐"面板，单击"左对齐"按钮和"垂直居中分布"按钮（图片的左端与舞台左端相对齐）。

**Step 06** 选中舞台中的背景图片，将其转换成名为"背景图片"的图形元件，如图8-17所示。

左边缘对齐

图8-17 将背景图片转换为图形元件

### 创建传统补间动画

**Step 07** 选中"遮罩"图层的第40帧，按F5键，插入一个延长帧。

**Step 08** 选中"图片"图层的第40帧，按F6键，插入关键帧，选中"背景图片"元件，在"对齐"面板中单击"右对齐"按钮，舞台中的图片如图8-18所示（图片的右端与舞台的右端相对齐）。

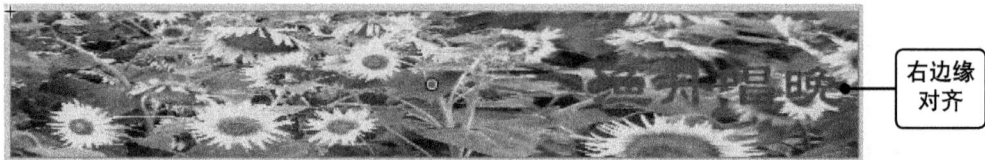

右边缘对齐

图8-18 移动图片

**Step 09** 在"图片"图层的第1～40帧之间单击鼠标右键，在弹出的快捷菜单中选择"创建传统补间"命令，创建运动补间动画，此时"时间轴"面板如图8-19所示。

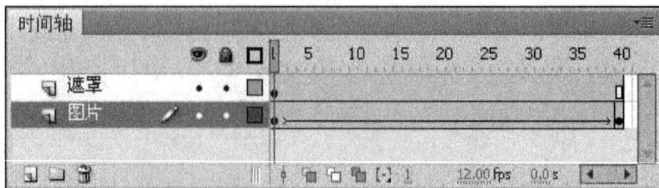

图8-19 "时间轴"面板（一）

**创建遮罩和被遮罩图层**

Step **10** 双击"遮罩"图层的图标,弹出"图层属性"对话框,在该对话框中选中"遮罩层"单选按钮,如图8-20(左图)所示。单击"确定"按钮,即可将所选中的图层转换为遮罩图层。

Step **11** 双击"图片"图层的图标,弹出"图层属性"对话框,在该对话框中选中"被遮罩"单选按钮,如图8-20(右图)所示。单击"确定"按钮,即可将所选中的图层转换为被遮罩图层。

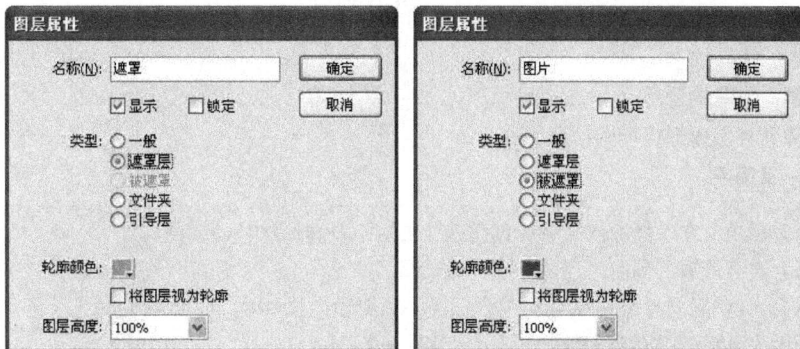

图8-20 "图层属性"对话框

Step **12** 单击图层上方的"锁"按钮,将两个图层锁定,遮罩设置完毕。"时间轴"面板如图8-21所示。

Step **13** 制作完成后,保存文件,按Ctrl+Enter组合键,测试并浏览动画效果。

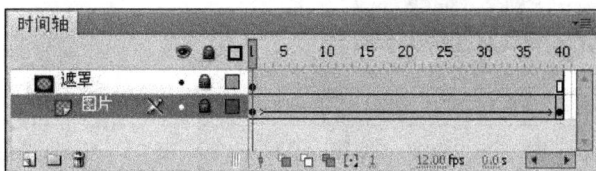

图8-21 "时间轴"面板(二)

> **注 意**
>
> 如果要修改图层的内容,必须将锁解开。修改完成后,要将遮罩层和被遮罩层锁定,这样遮罩才会有效。

# 任务三 ▶ 百叶窗效果

## 📚任务背景

本任务运用遮罩原理制作一个百叶窗效果的动画,如图8-22所示。

图8-22 百叶窗效果

## 🍂 任务要求

学会制作各种图形遮罩。

## 🍂 任务分析

创建多种变化的遮罩元件，导入多张图片作为背景，将遮罩元件覆盖在背景图片上并将其设置为遮罩层。

## 🍂 重点、难点

① "分离"命令的运用。

② 为遮罩元件创建形状补间动画。

③ 创建遮罩图层。

---

【技术要领】利用文本工具输入文字；创建遮罩图层；创建形状补间动画。

【解决问题】文字遮罩的创建、创建形状补间动画。

【素材来源】光盘\素材与源文件\模块08\任务3\百叶窗效果.swf、1.jpg ~5.jpg。

【视频教程】光盘\视频教程\模块08\百叶窗效果.avi。

---

## 操作步骤详解

### 创建文档

**Step 01** 启动Flash CS5，创建一个新文档，修改舞台尺寸为400×400（像素），保持默认其他选项。

**Step 02** 选择"文件">"保存"命令，将新文档保存到"素材与源文件\模块08\任务3"文件夹下，并为文档命名为"百叶窗效果.fla"。

### 创建"叶片1"元件并创建补间动画

**Step 03** 选择"文件">"导入">"导入到库"命令，在"素材与源文件\模块08\任务3"文件夹下，导入名为"1"、"2"、"3"、"4"、"5"的5张图片。

**Step 04** 选择"插入">"新建元件"命令，创建一个名为"叶片1"的影片剪辑元件，如图8-23所示。单击"确定"按钮，进入元件编辑状态。

**Step 05** 选择矩形工具，拖动鼠标，在舞台中绘制一个无边框的矩形条，设置其尺寸为400×40（像素），矩形条如图8-24所示，分别在第30帧和第60帧处按F6键，插入关键帧，并在第30帧处修改矩形条的尺寸为400×1（像素）。

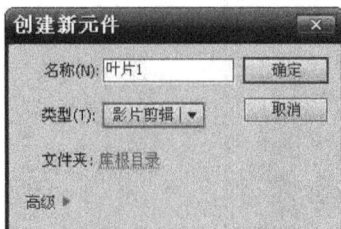

图8-23 创建影片剪辑元件

图8-24 绘制矩形条

**Step 06** 用鼠标右键分别单击第1~30帧、第30~60帧之间的任意一帧，在弹出的快捷菜单中选择"创建补间形状"命令，创建形状补间动画，此时"时间轴"面板如图8-25所示。

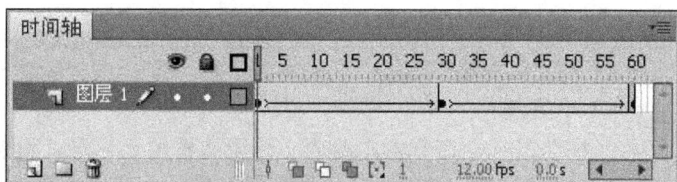

图8-25 "时间轴"面板（一）

## 创建"叶片2"元件并创建补间动画

**Step 07** 选择"插入">"新建元件"命令，创建一个名为"叶片2"的影片剪辑元件，单击"确定"按钮，进入元件编辑状态。选择矩形工具，拖动鼠标，在舞台中绘制一个无边框的矩形条，在"属性"面板中设置其尺寸为40×400（像素），矩形条如图8-26所示。

**Step 08** 分别在第30帧和第60帧处按F6键，插入关键帧，并在第30帧处修改矩形条的尺寸为1×400（像素），用鼠标右键分别单击第1～30帧、第30～60帧之间的任意一帧，在弹出的快捷菜单中选择"创建补间形状"命令，创建形状补间动画，此时"时间轴"面板如图8-27所示。

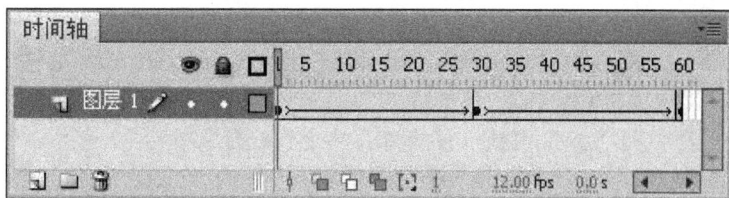

图8-26 矩形条

图8-27 "时间轴"面板（二）

## 创建"叶片3"元件并创建补间动画

**Step 09** 选择"插入">"新建元件"命令，创建一个名为"叶片3"的影片剪辑元件，单击"确定"按钮，进入元件编辑状态。

**Step 10** 选择矩形工具，拖动鼠标，在舞台中绘制一个无边框的正方形，设置其尺寸为40×40（像素），正方形如图8-28所示。分别在第30帧和第60帧处按F6键，插入关键帧，并在第30帧处修改正方形的尺寸为1×40（像素），用鼠标右键单击第1～30帧、第30～60帧之间的任意一帧，在弹出的快捷菜单中选择"创建补间形状"命令，创建形状补间动画（"时间轴"面板如图8-27所示）。

图8-28 正方形

## 创建"叶片4"元件并创建补间动画

**Step 11** 选择"插入">"新建元件"命令，创建一个名为"叶片4"的影片剪辑元件，单击"确定"按钮，进入元件编辑状态。

**Step 12** 选择矩形工具，拖动鼠标，在舞台中绘制一个无边框的正方形，设置其尺寸为40×40（像素），分别在第30帧和第60帧处按F6键，插入关键帧，选中第30帧处的正方形图形，在"属性"面板中修改其尺寸为40×1（像素），如图8-29所示。用鼠标右键单击第1～30帧、第30～60帧之间的任意一帧，在弹出的快捷菜单中选择"创建补间形状"命令，创建形状补间动画。

### 创建"叶片5"元件并创建补间动画

Step 13 选择"插入">"新建元件"命令，创建一个名为"叶片5"的影片剪辑元件，单击"确定"按钮，进入元件编辑状态。

Step 14 选择矩形工具，拖动鼠标，在舞台中绘制一个无边框的正方形，设置其尺寸为40×40（像素），选择"窗口">"变形"命令，打开"变形"面板。在该面板中设置其旋转角度为45°，如图8-30（左图）所示；变形后的正方形如图8-30（右图）。

图8-29 修改正方形尺寸

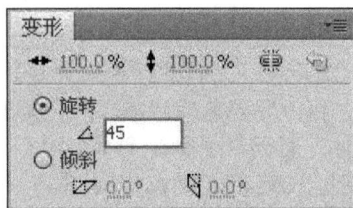

图8-30 变形正方形

Step 15 分别在第30帧和第60帧处按F6键，插入关键帧，并在第30帧处修改矩形条的尺寸为1×56.6（像素）（该尺寸是正方形旋转后，两个直角对角线长度），用鼠标右键单击第1～30帧、第30～60帧之间的任意一帧，在弹出的快捷菜单中选择"创建补间形状"命令，创建形状补间动画。

### 添加图片

Step 16 按Ctrl+E快捷键，返回主场景。单击"插入图层"按钮，添加"图层2"。分别在"图层1"和"图层2"的第60帧、第120帧、第180帧和第240帧处按F7键，插入空白关键帧；在第300帧处按F5键，插入延长帧。

Step 17 打开"库"面板，从"库"中将5张图片按名称顺序"1、2、3、4、5"拖放到"图层1"的5个空白关键帧上，设置其尺寸与舞台相同大小，然后利用"对齐"面板使其相对于舞台居中对齐。

Step 18 分别选中5张图片，选择"修改">"分离"命令，将图片打散。选择椭圆工具，分别在5幅图片上绘制无填充颜色的椭圆（笔触颜色任意），在"属性"面板中设置其尺寸为380×350（像素），然后利用"对齐"面板使其相对于舞台居中对齐。

Step 19 选中椭圆以外的部分，按Delete键，将该部分删除，然后删除所绘制的椭圆，如图8-31所示。

图8-31 分离并修改图片

Step 20 分别选中"图层2"的5个空白关键帧，将5张图片按照"2、3、4、5、1"的顺序拖放到空白关键帧上，设置其尺寸与舞台相同大小，然后利用"对齐"面板使其相对于舞台居中对齐。操作结束后，将"图层1"和"图层2"锁住。

### 应用元件

Step 21 选中"图层2"，单击"新建图层"按钮，添加"图层3"，并将其更名为"遮罩"，然后在对应"图层2"的关键帧处插入5个空白关键帧，分别是第1帧、第60帧、第120帧、第180帧和第240帧。

Step 22 选中第1帧，打开"库"面板，从中将"叶片1"元件拖入舞台后，复制多个叶片元件，不留空隙地排列起来，如图8-32（左图）所示，直至将舞台覆盖为止。第1帧处的叶片排列如图8-32（右图）所示。

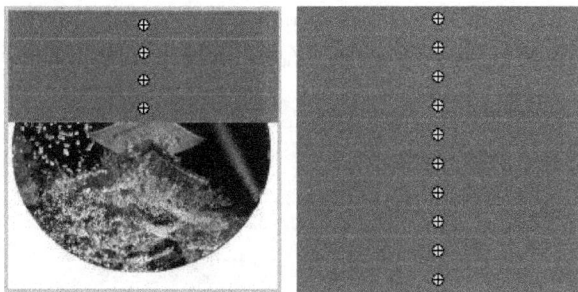

图8-32 复制叶片元件并排列

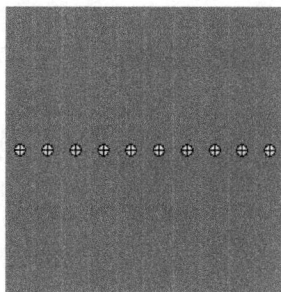

图8-33 第60帧处的元件排列

**Step 23** 选中第60帧，从"库"中将"叶片2"元件拖入到舞台，复制多个元件，不留空隙地将它们排列起来，如图8-33所示。依此类推，在第120帧处排列"叶片3"元件，在第180帧处排列"叶片4"元件，在第240帧处排列"叶片5"元件，如图8-34所示。

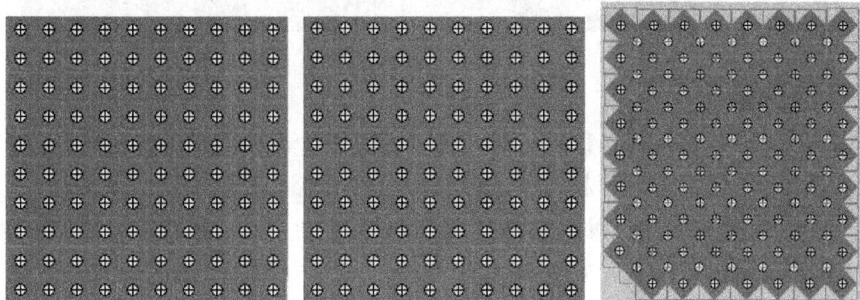

图8-34 第120帧、第180帧和第240帧处叶片元件的排列

**Step 24** 选中第1帧、第60帧和第240帧，用鼠标右键单击舞台中的元件实例，在弹出的快捷菜单中选择"转换为元件"命令，将其转换为名为"百叶窗1"、"百叶窗2"和"百叶窗5"的3个影片剪辑元件，如图8-35（左图）所示。

**Step 25** 选中第120帧，选择舞台中元件实例的偶数行，选择"修改">"变形">"水平翻转"命令，将选择的元件进行水平180°的翻转，然后将元件全部选中，将其转换成名为"百叶窗3"的影片剪辑元件。

**Step 26** 同样选中第180帧，选择舞台中元件实例的偶数列，选择"修改">"变形">"垂直翻转"命令，将选择的元件进行垂直180°的翻转，然后将元件全部选中，将其转换成名为"百叶窗4"的影片剪辑元件。选中"窗口">"库"命令，打开"库"面板，可见创建的元件保存在"库"面板中，如图8-35（右图）所示。

图8-35 转换为元件

**Step 27** 用鼠标右键单击"遮罩"图层名称，在弹出的快捷菜单中选择"遮罩层"命令，将该图层设置为遮罩层。制作结束后，保存文件，此时"时间轴"面板（部分）如图8-36所示。

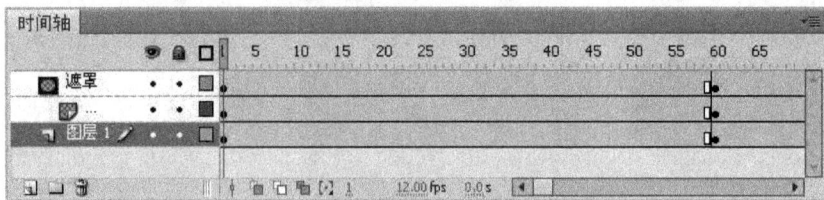

图8-36 制作完成后的"时间轴"面板

**Step 28** 按Ctrl+Enter快捷键，输出文件并测试动画效果。

# 知识点拓展

## ❶ 骨骼动画的概念

　　骨骼动画又称为反向运动（IK）动画，是一种使用骨骼的关节结构对一个对象或彼此相关的一组对象进行动画处理的方法。在Flash CS5中创建骨骼动画对象分为两种，一种是元件的实例对象，另一种是图形形状。创建骨骼动画的元件实例可以是影片剪辑、图形和按钮实例，如果是文本，则需要将文本转换为实例。

## ❷ 创建基于元件的骨骼动画

　　创建基于元件实例的骨骼动画，可以使用骨骼工具 ✐，将多个元件实例进行骨骼绑定，以达到移动其中一块骨骼会带动相邻的骨骼运动的效果。创建基于元件的骨骼动画的方法如下。

　　（1）使用骨骼工具，在元件实例对象或形状上创建出对象的骨骼。

　　（2）移动其中一块骨骼，与这块骨骼相连的其他骨骼也会移动，通过这些骨骼的移动即可创建出骨骼动画。

　　创建骨骼动画的具体操作步骤如下。

　　（a）导入一张图片，在舞台中创建元件实例，如图8-37（左图）所示；该例中将人物身体分为3个部分，分别放在3个图层中，如图8-37（右图）所示，并且这3个部分都转换成了元件实例。如果需要人物更多的部位动起来，还要将人物的各个部分再细分，并将它们转换为元件实例。

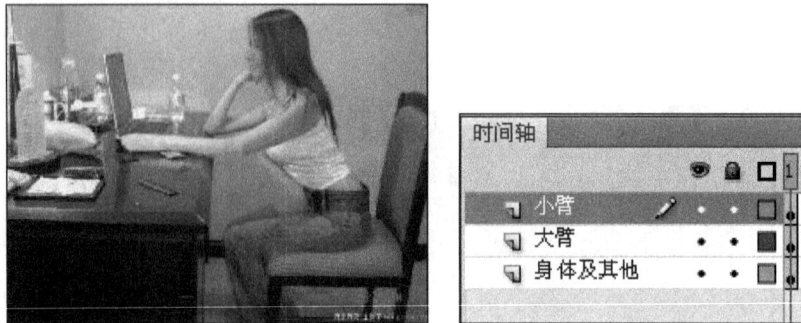

图8-37 导入图片创建元件实例

（b）选择骨骼工具 ![icon]，单击要成为骨架的骨骼根部，此时光标呈现为十字下方带骨头的图标形状 ![icon]，然后按住鼠标向肘部位置拖曳，创建出骨骼，如图8-38（左图）所示。同时自动创建出一个命名为"骨架_1"的图层，而"大臂"和"小臂"图层中的对象自动剪切到"骨架_1"图层中，如图8-38（右图）所示。

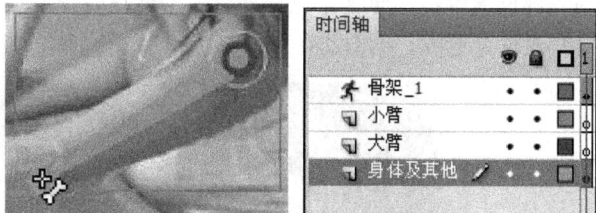

图8-38 创建骨骼和"骨架"图层

（c）在"时间轴"中设置骨骼运动的起点、终点和多个中间点（骨架_1的背景颜色为草绿色），即可完成对骨骼动画的设置。设置完成后的"时间轴"面板如图8-39所示。

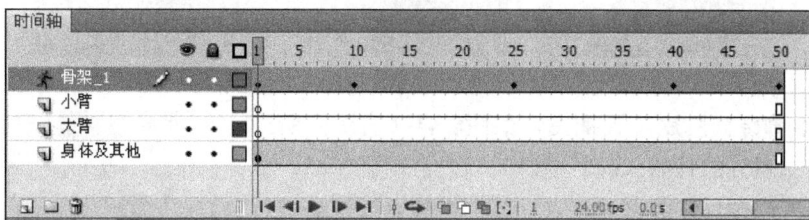

图8-39 "时间轴"面板

**提 示**

使用骨骼工具进行动画处理时，只需指定对象的开始位置和结束位置即可，然后通过反向运动，即可轻松自然地创建出骨骼的运动。使用骨骼动画可以轻松地创建人物的胳膊、腿的运动和面部表情。

**❸ 创建基于图形的骨骼动画**

在Flash CS5中不但可以对元件实例创建骨骼动画，还可以对图形形状创建骨骼动画。与创建基于元件实例的骨骼动画不同的是，基于图形形状的骨骼动画对象可以是一个图形形状，也可以是多个图形形状。创建基于图形形状的骨骼动画的方法如下。

（1）在向单个形状或一组形状添加第一个骨骼之前必须选择所有的形状。

（2）将骨骼添加到所选内容后，Flash将所有的形状和骨骼转换为骨骼形状对象，并将该对象移动到新骨骼图层。在某个形状转换为骨骼形状后，它无法再与其他形状进行合并操作。

对于基于图形形状的骨骼动画也需要使用骨骼工具创建，具体的创建步骤如下。

（a）打开一张事先制作好的Flash源文件，如图8-40（左图）所示，其"时间轴"面板如图8-40（右图）所示。

图8-40 导入并分离图片

（b）选择骨骼工具，此时图标呈现为十字下方带骨头的图标形状，将光标放置在武者的胯部位置单击并向膝盖位置拖曳，创建出骨骼，如图8-41（左图）所示；按住鼠标再由膝盖向脚踝位置拖曳，如图8-41（中图）所示。

图8-41 创建骨骼

（c）由脚踝向脚底位置拖曳，如图8-41（右图）所示，创建出一系列的骨骼。同时在时间轴上自动创建出一个"骨架_1"的图层，并将"武者"图层中的对象自动剪切到了"骨架_1"图层中，如图8-42所示。

（d）选中每个图层的第50帧，按F5键，插入普通帧，"骨架_1"图层的"时间轴"背景颜色为草绿色。

图8-42 "时间轴"面板

（e）将播放头拖曳到第20帧，在"骨架_1"图层的第20帧处单击鼠标右键，在弹出的快捷菜单中选择"插入姿势"命令，如图8-43（左图）所示；在"骨架_1"图层的第20帧创建一个关键帧，如图8-43（右图）所示，此关键帧与第1帧的人物图像相同。

图8-43 在第20帧创建关键帧

（f）将播放头拖曳到第1帧，利用选择工具，拖曳武者的脚和腿部的下方，如图8-44所示。

（g）按Ctrl+Enter组合键，对动画进行测试，即可见武者的踢腿动作，如图8-45所示。

图8-44 拖曳骨骼

图8-45 动画测试效果

## ❹ 设置骨骼的属性

为对象创建骨骼后，选择其中的骨骼，打开"属性"面板，在该面板中将出现此骨骼的相关属性设置，如图8-46所示。其中各项功能如下。

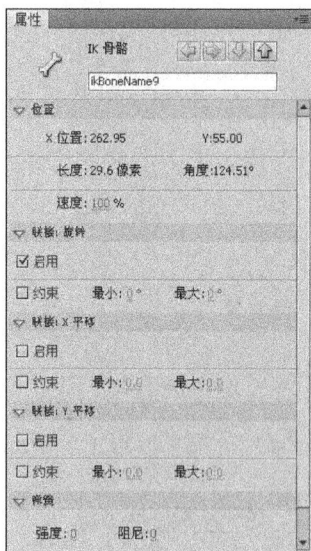

图8-46 "IK骨骼"属性面板

- 速度：限制选定骨骼的运动速度，可以用鼠标拖动滑块以修改数值并会在"速度"文本框中出现数值。
- 联接:旋转：默认状态为选中"启用"复选框，用于指定被选中的骨骼沿着父骨骼对象进行旋转；选中"约束"复选框，将约束骨骼的旋转，可设置骨骼对象旋转的最小度数和最大度数。
- 联接:X平移：选中"启用"复选框，则表示选中的骨骼可沿着X轴方向进行平移；如果选中"约束"复选框，还可以设置此骨骼对象在X轴方向平移的最小值和最大值。
- 联接:Y平移：选中"启用"复选框，则表示选中的骨骼可沿着Y轴方向进行平移；如果选中"约束"复选框，还可以设置此骨骼对象在Y轴方向平移的最小值和最大值。
- 强度：弹簧强度，值越高，创建的弹簧效果越强。
- 阻尼：弹簧效果的衰减速率，值越高，弹簧属性减小得越快。如果值为0，则弹簧属性在姿势图层的所有帧中保持其最大强度。

# 独立实践任务

### 任务四 ▶ 飘动的红旗

#### 🍃 任务背景

利用遮罩原理制作一个红旗飘动的动画，效果如图8-47所示。

图8-47 飘动的红旗效果

## 任务要求

① 红旗随风自然飘动。

② 绘制一个无边框的矩形，利用选择工具调整矩形形状。

③ 绘制遮罩图形，在初始帧处将遮罩图形覆盖红旗的右侧；在末尾帧处移动红旗，让遮罩覆盖红旗的左侧；在遮罩图层创建运动补间动画。

【技术要领】用矩形工具；选择工具；复制、组合命令；遮罩图形；运动补间动画。

【解决问题】遮罩动画。

【素材来源】光盘\素材与源文件\模块08\任务4\飘动的红旗.swf。

## 任务分析

## 主要制作步骤

# 职业技能知识点考核

## 1．单项选择题

（1）遮罩动画必须由（　　）个图层完成。

A．1　　　　　　　　　　B．2　　　　　　　　　　C．3

（2）在创建遮罩后，锁定（　　）图层。

A．遮罩层　　　　　　　B．被遮罩层　　　　　　C．遮罩层和被遮罩层

## 2．多项选择题

在Flash CS5中，创建骨骼动画的对象分别为（　　）和（　　）。

A．元件实例　　　　　　B．文本　　　　　　　　C．图形形状

## 3．判断题

（1）一个遮罩层下面可以包含多个被遮罩层，但不能将一个遮罩应用于另一个遮罩中，按钮内部不能有遮罩。（　　）

（2）当将一个图层转换为遮罩图层时，要将被遮罩图层放置于遮罩图层的下方。（　　）

# 09

# 制作简单交互动画

本模块主要引导用户为动画的帧、影片剪辑和按钮添加简单的脚本语句，并且学会Flash按钮的制作方法和使用技巧。通过制作按钮，理解"人机交互"的理念和重要性，学会使用"按钮"让Flash作品具有交互性。

## 能力目标

1．能够制作按钮
2．能够为帧、影片剪辑和按钮添加脚本语句

## 专业知识目标

1．熟悉Flash CS5的编程环境
2．了解ActionScript语言
3．理解按钮的4种状态和按钮元件的概念
4．学会为Flash动画的帧、影片剪辑和按钮添加简单的脚本语句

## 课时安排

8课时（讲授4课时；实践4课时）

## 任务参考效果图

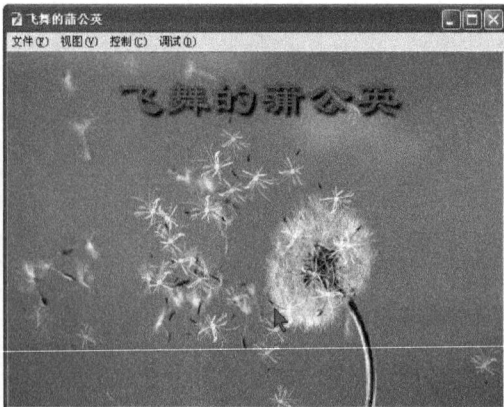

# 知识储备

## 知识一 ActionScript概述

ActionScript是Flash内嵌的脚本程序、是针对Adobe Flash Player运行环境的编程语言，在Flash内容和应用程序中实现了交互性、数据处理以及其他许多功能。

使用ActionScript，用户不仅可以动态地控制动画的进行，还可以进行各种运算，甚至用各种方式获得用户的动作，并即时地做出回应，这样就可以有效地响应用户事件，触发响应的脚本来控制动画的播放，大大增强了Flash动画的交互性。

### 1. ActionScript的版本

Flash CS5中包含多个ActionScript版本，以满足各类开发人员和回放硬件的需要。

- ActionScript 1.0：该版本最初是随Flash 5一起发布的，这是一款完成可编程的版本；到Flash 6版时增加了几个内置函数，允许通过程序更好地控制动画元素。ActionScript 1.0仍为Flash Lite Player的一些版本所使用。
- ActionScript 2.0：Flash 7中引入了ActionScript 2.0，这是一种强类型的语言，支持基于类的编程特性，如继承、接口和严格的数据类型。Flash 8进一步扩展了ActionScript 2.0，添加了新的类库，以及用于在运行时控制位图数据和文件上传的API。对于许多计算量不大的项目来说，ActionScript 2.0仍然十分有用。ActionScript 2.0也基于ECMAScript规范，但并不完全遵循该规范。
- ActionScript 1.0 & 2.0：该版本提供了创建效果丰富的Web应用程序所需的功能灵活性强，并进一步增强了这种语言功能，提供了出色的性能，简化了开发的过程，因此更适合高度复杂的Web应用程序和大数据集。ActionScript 1.0 & 2.0可共同存于同一个FLA文件中。
- ActionScript 3.0：该版本是一种强大的面向对象编程语言，标志着Flash Player Runtime演化过程中的一个重要阶段。该版本的脚本编写功能超越了ActionScript的早期版本，符合ECMAScript规范，提供更出色的XML处理、一个改进的事件模型以及一个用于处理屏幕元素的体系结构。使用ActionScript 3.0的FLA文件不能包含ActionScript的早期版本。ActionScript 3.0代码的执行速度可以比旧式ActionScript代码快10倍。

### 2. 如何选择ActionScript版本

尽管有了ActionScript 3.0版本，但是用户仍然可以使用ActionScript 2.0的语法，特别是为传统的Flash工作时。如果针对旧版Flash Player创建SWF文件，则必须使用与之相兼容的ActionScript 2.0或ActionScript 1.0版本。因此，在某些特定的条件下，往往要设置ActionScript版本，设置的步骤如下。

Step 01 运行Flash CS5软件，进入工作环境后，选择"文件" > "发布设置"命令，打开"发布设置"对话框，在该对话框中选择Flash选项卡。

Step 02 打开"脚本"下拉列表，从中选择ActionScript版本，如图9-1所示。

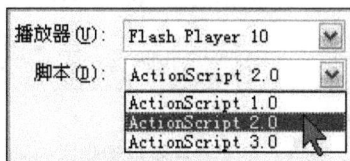

图9-1 选择ActionScript版本

Flash提供了一个专门处理动作脚本的编辑环境，那就是"动作"面板。通常情况下，"动作"面板处于关闭状态，可以通过选择"窗口">"动作"命令打开"动作"面板。"动作"面板包括"动作工具箱"、"脚本导航器"、"工具栏"、"脚本编辑窗口"、"脚本助手"和"展开菜单"等6个部分，如图9-2所示。

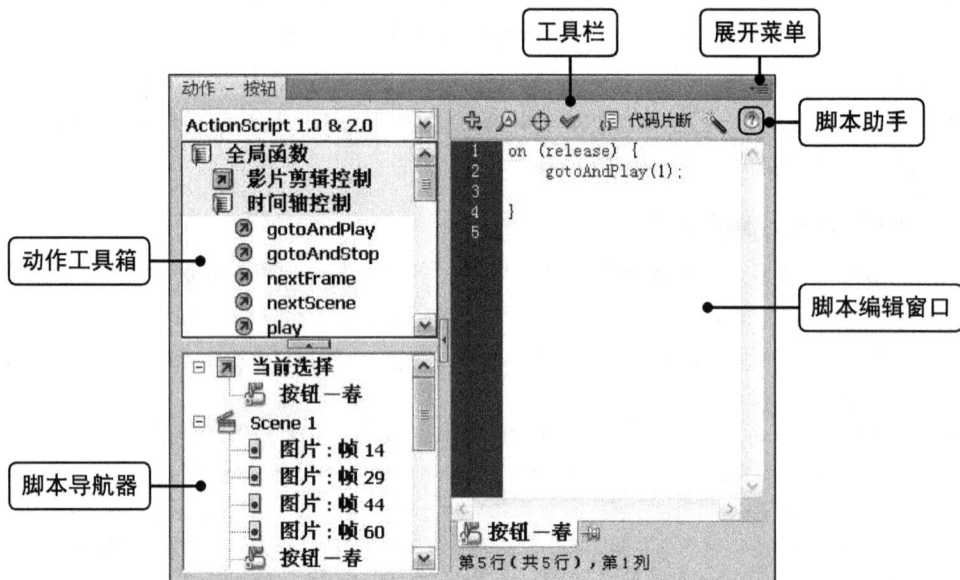

图9-2 "动作"面板

## 1. 动作工具箱

浏览ActionScript语言元素（如函数、类、类型等）的分类列表，然后将其插入到脚本编辑窗口中。要将脚本元素插入到脚本编辑窗口中，可以双击该元素或直接将它拖动到窗口中，还可以使用"动作"面板中的 按钮添加。

## 2. 脚本导航器

可显示包含脚本的Flash元素（如影片剪辑、帧和按钮）的分层列表。使用脚本导航器可在Flash文档中的各个脚本之间快速移动。如果单击脚本导航器中的某一项目，则与该项目关联的脚本将显示在脚本窗口中，并且播放头将移到时间轴的相应位置上。如果双击脚本导航器中的某一项，则该脚本将被固定（就地锁定）。依次单击每个选项卡，可以在脚本间移动。

## 3. 工具栏

当将脚本助手按钮释放后，"动作"面板的工具栏如图9-3所示。其中各项功能如下。

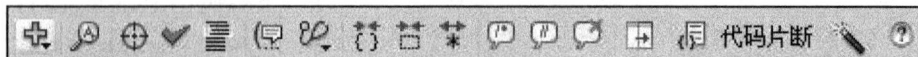

图9-3 工具栏

- 将新项目添加到脚本中 ：单击该按钮，在弹出的下拉菜单中选择动作语句，如图9-4所示，即可将语句添加到脚本编辑窗口中。该按钮包含的动作语句与"动作"工具箱中的命令是一致的。

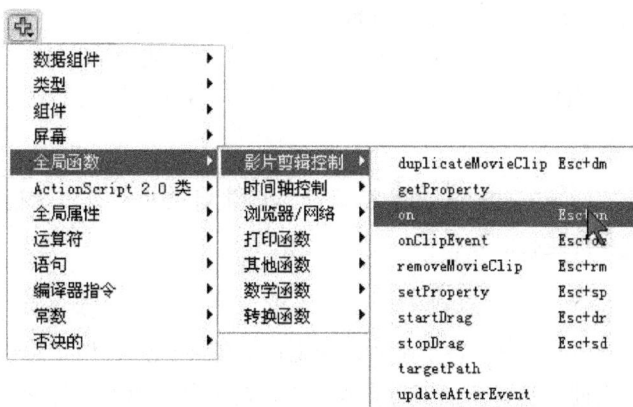

图9-4 添加语句

- 查找 ：单击该按钮，打开如图9-5所示的"查找和替换"对话框，在其中的"查找内容"文本框中输入要查找的名称，再单击"查找下一个"按钮即可；在"替换"文本框中输入要"替换为"的内容，然后单击右侧的"替换"按钮即可。
- 插入目标路径 ⊕：单击该按钮，打开如图9-6所示的"插入目标路径"对话框，用户可以在其中选择插入实例的目标路径。

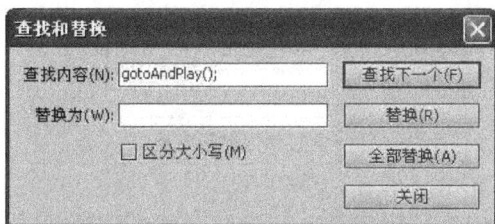

图9-5 "查找和替换"对话框

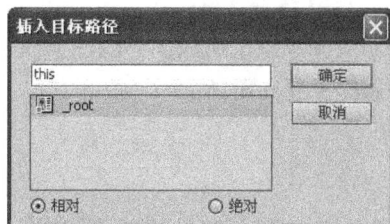

图9-6 "插入目标路径"对话框

- 语法检查 ：单击该按钮，可以对输入的ActionScript进行语法检查。如果脚本中存在错误，则显示一个消息对话框，并在"编译器错误"面板中显示脚本的错误信息，如图9-7所示。

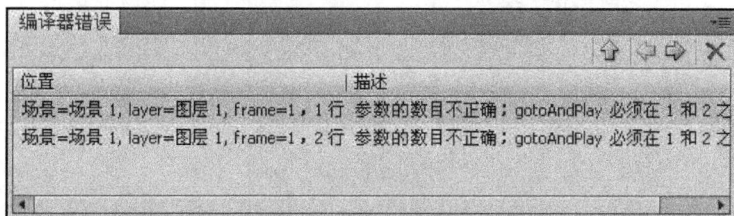

图9-7 "编译器错误"面板

- 自动套用格式 ：单击该按钮，可以对输入的ActionScript（简称AS）自动进行格式排列。
- 显示代码提示 ：单击该按钮，可以在输入ActionScript时显示代码提示。
- 调试 ：单击该按钮，在弹出的下拉菜单中选择"切换断点"选项，可以检查ActionScript的语法错误。
- 折叠成对大括号 ：在代码的大括号间收缩。
- 折叠所选 ：在选择的代码间收缩。
- 展开全部 ：展开所有收缩的代码。
- 应用块注释 ：为当前代码应用块注释
- 应用行注释 ：为当前代码应用行注释。
- 删除注释 ：删除注释。

- 显示/隐藏工具箱 📧：显示、隐藏工具箱。
- 帮助 ❓：由于动作语言太多，不管是初学者还是资深的动画制作人员，都会有忘记代码功能的时候，因此，Flash CS5专门为此提供了帮助工具，使用户在开发过程中可以避开麻烦。

### 4．脚本编辑窗口

该窗口是用来编写ActionScript的区域，针对当前对象的所有脚本语句都会在该区域显示，并且在该区域对程序进行编辑。

### 5．脚本助手

自从Flash MX 2004版本中去掉了脚本编辑器的普通模式后，许多想学习脚本的用户感觉使用时有很多困难。因此，为了方便初学脚本的用户能够更快地掌握脚本语句，从Flash CS3版本起增加了"脚本助手"。该"脚本助手"就相当于Flash MX 2004版本之前的脚本编辑器的普通模式，并且经过改进后比以前更加完善。

"脚本助手"是将"动作"工具箱中的选项添加到专门提供的界面中，而后生成脚本来完成脚本的编辑。这个界面包含文本字段、单选按钮和复选框，可以提示正确变量及其他脚本语言构造，如图9-8所示。

### 6．展开菜单

单击展开菜单按钮 🔽☰，可以打开下拉菜单，如图9-9所示。其中包括一些常用的命令，为制作动画提供了方便。

图9-8 "脚本助手"面板          图9-9 下拉菜单

知识三 ▶ 添加ActionScript

在制作动画的过程中可以为3个对象添加ActionScript代码，它们分别是帧、按钮和影片剪辑。

### 1．为帧添加脚本

为某帧添加动作脚本后只有在影片播放到该帧时才被执行。例如，在动画的第25帧处通过ActionScript脚本程序设置了动作，那么就必须等影片播放到第25帧时才会执行相应的动作。

选中时间轴上要添加脚本的帧，在这里选择第29帧，按F9键，打开"动作"面板。在该面板中输入脚本，如stop();即可，为帧添加脚本后"动作"面板的标题栏显示为"动作—帧"，如图9-10所示。

图9-10 "动作—帧"面板

### 2．为按钮添加脚本

许多互动式程序的设计都是通过为按钮添加ActionScript而得以实现的。为按钮添加脚本只有在触发按钮、事件发生时才会执行，如经过按钮、按下按钮、释放按钮等。

选中舞台中要添加脚本的按钮，打开"动作"面板。在该面板中输入脚本，为按钮添加脚本后"动作"面板的标题栏显示为"动作—按钮"，如图9-11所示。

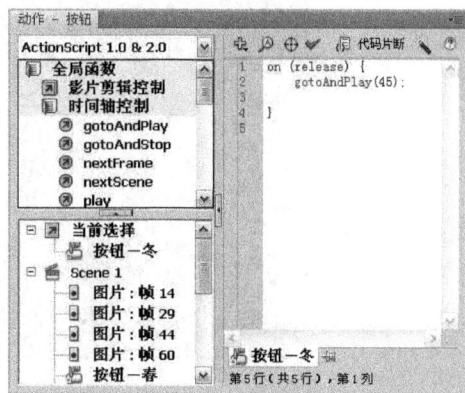

图9-11 "动作—按钮"面板

### 3．为影片剪辑添加脚本

为某影片剪辑添加脚本后，通常在播放该影片剪辑时ActionScript才被执行。选中舞台中要添加脚本的影片剪辑，打开"动作"面板。在该面板中输入脚本，为影片剪辑添加脚本后"动作"面板的标题栏显示为"动作—影片剪辑"，如图9-12所示。

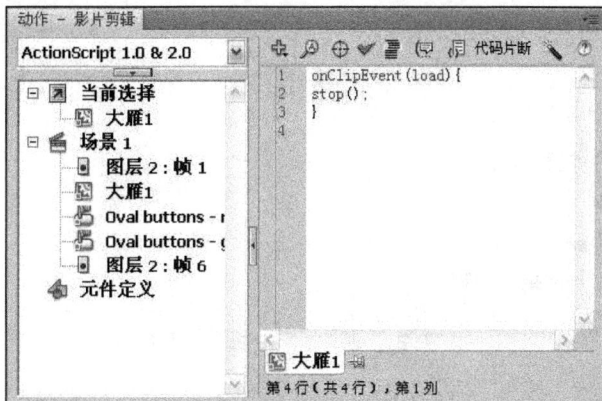

图9-12 "动作—影片剪辑"面板

# 模拟制作任务

## 任务一 ▶ 制作按钮控制动画

### 任务背景

本任务制作了由两个按钮控制大雁飞翔和停止的动画，效果如图9-13所示。

图9-13 按钮控制动画效果

### 任务要求

以大雁飞过芦苇荡、掠过湖面为主题，创建由按钮控制大雁飞翔的动画，用户可根据自己的意向来决定大雁是飞行还是停止飞行。

### 任务分析

利用按钮控制图形变化的动画在浏览网站时，可以经常看到。本任务中利用遮罩动画原理，使得整幅图画被控制在一个椭圆形的镜头中。动画中的大雁得以控制是添加在帧、影片剪辑和按钮中的脚本语句的功劳。

### 重点、难点

① 创建图形和影片剪辑元件。

② 遮罩效果的应用。

③ 创建运动补间动画。

④ 为帧、按钮和影片剪辑添加脚本。

【技术要领】椭圆工具和文本工具的使用；创建元件；创建传统补间动画；添加脚本语言。

【解决问题】按钮控制播放动画。

【素材来源】光盘\素材与源文件\模块09\任务1\按钮控制动画.swf、背景1.jpg、大雁.gif。

【视频教程】光盘\视频教程\模块09\按钮控制动画.avi。

## 操作步骤详解

### 创建文档

**Step 01** 启动Flash CS5，创建一个新文档，修改背景颜色为蓝色、帧频为16f/s，其他属性选项保持默认。

**Step 02** 选择"文件">"保存"命令，将新文档保存到"素材与源文件\模块09\任务1"文件夹下，并为文档命名为"按钮控制动画.fla"。

### 创建图形元件并编辑图片

**Step 03** 选择"插入">"新建元件"命令，创建一个名为"背景1"的图形元件，如图9-14所示。单击"确定"按钮，进入元件编辑状态。

**Step 04** 选择"文件">"导入">"导入到舞台"命令，从"素材与源文件\模块09\任务1"文件夹下导入一张名为"背景"的图片，调整图片大小与舞台相同，如图9-15所示。

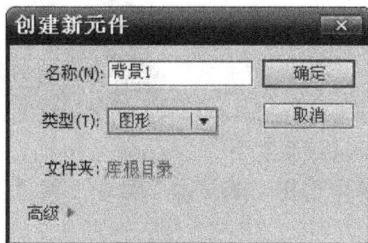

图9-14 创建影片剪辑元件

图9-15 背景图片

**Step 05** 用鼠标右键单击背景图片，在弹出的快捷菜单中选择"复制"命令，然后两次选择"粘贴"命令，复制出两张背景图片。

**Step 06** 选中其中一张背景图片，选择"修改">"变形">"水平翻转"命令，将图片水平翻转，将3张图片横向排列，首尾相连接不留空隙（将水平翻转的图片放置在中间位置），然后选中3张图片，选择"修改">"组合"命令，将图片组合为一个整体，如图9-16所示。

图9-16 组合后的背景图片

### 创建影片剪辑元件

**Step 07** 选择"插入">"新建元件"命令，创建一个名为"动画"的影片剪辑元件，如图9-17所示。单击"确定"按钮，进入元件编辑状态。

**Step 08** 单击"新建图层"按钮，创建"图层2"。在"图层2"的第1帧处，选择椭圆工具，拖动鼠标，在舞台上绘制一个尺寸为540×400（像素）的无边框椭圆（填充颜色任意），利用"对齐"面板使椭圆相对于舞台居中对齐，然后在第160帧处按F6键，插入关键帧。

**Step 09** 在"图层1"的第1帧处,打开"库"面板,从中将"背景1"元件拖入舞台,使背景图片的右端对齐椭圆的右端,如图9-18(左图)所示。

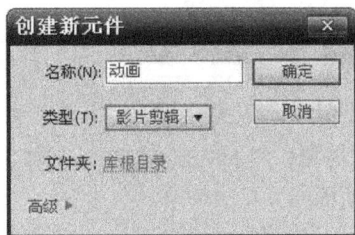

创建新元件

名称(N): 动画    确定

类型(T): 影片剪辑 ▼   取消

文件夹: 库根目录

高级 ▶

图9-17 创建影片剪辑元件

### 创建传统补间动画并设置遮罩层

**Step 10** 在第160帧处按F6键,插入关键帧,再将背景图片的左端对齐椭圆的左端,如图9-18(右图)所示。用鼠标右键单击第1帧,在弹出的快捷菜单中选择"创建传统补间"命令,创建运动补间动画。

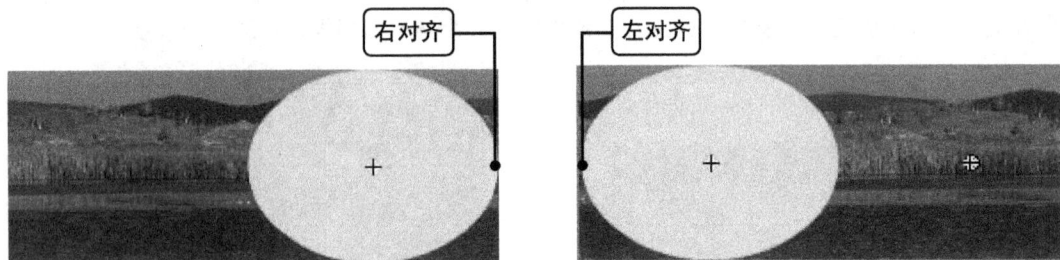

右对齐          左对齐

图9-18 第1帧和第160帧处的背景图片位置

**Step 11** 在"图层2"的名称处右击,在弹出的快捷菜单中选择"遮罩层"命令,将"图层2"转换为遮罩图层。

### 创建影片剪辑元件

**Step 12** 选择"插入">"新建元件"命令,创建一个名为"大雁1"的影片剪辑元件,单击"确定"按钮,进入元件编辑状态。

**Step 13** 选择"文件">"导入">"导入到舞台"命令,从"素材与源文件\模块09\任务1"文件夹下导入名为"大雁"的GIF动画图片,选中每一帧上的图片,利用"对齐"面板使其相对于舞台居中对齐,如图9-19所示。

图9-19 导入图片

> **注　意**
>
> 如果导入的图片带有背景,则要将背景删除。

### 为帧和元件添加脚本语句

**Step 14** 按Ctrl+E组合键,返回"场景1"。在第1帧处,打开"库"面板,从中将影片剪辑元件"动画"拖动到舞台,利用"对齐"面板使其相对于舞台居中对齐,然后在第6帧处按F6键,插入关键帧。

**Step 15** 单击"新建图层"按钮,添加"图层2"。在"图层2"的第1帧处,将影片剪辑元件"大雁"从"库"面板中拖入舞台适当的位置上。

**Step 16** 在"图层2"的第1帧处,选择"窗口">"公用库">"按钮"命令,从"库"中将一个红色的按钮拖动到舞台的右下角,并选择文本工具,在按钮的下方输入文字"暂停中",如图9-20(左图)所示。

Step **17** 在"图层2"的第5帧处，按F6键，插入关键帧，再在第2帧处按F7键，插入空白关键帧，然后回到第5帧并将第5帧处的按钮及文字删除，再从"库"面板中拖出一个绿色的按钮到舞台，与红色按钮放置在同样的位置上，并利用文本工具输入文字"播放中"，如图9-20（右图）所示。接着在第6帧处按F6键，插入关键帧。

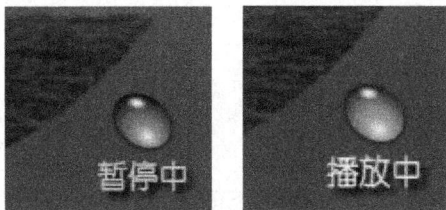

图9-20 按钮和文字

Step **18** 单击"图层2"的第1帧，打开"动作"面板，输入如下语句，此时"动作"面板如图9-21所示。

```
Stop();
```

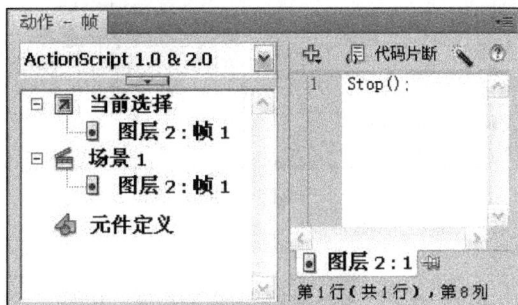

图9-21 为帧添加脚本语句

Step **19** 选中该帧处的"大雁"元件实例，在"动作"面板中输入如下语句，此时"动作"面板如图9-22所示。

```
onClipEvent(load){
stop();
}
```

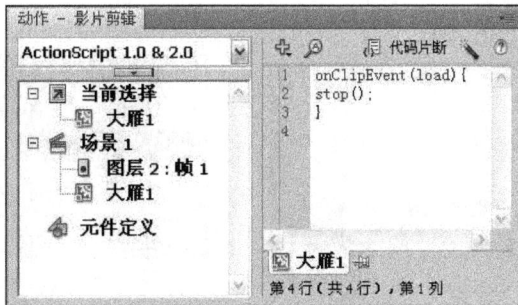

图9-22 为元件实例添加脚本语句

## 为按钮添加脚本语句

Step **20** 单击该图层的第1帧，选中红色按钮，在"动作"面板中输入如下语句，此时"动作"面板如图9-23（左图）所示。

```
on (press) {
gotoAndPlay(5);
}
```

**Step 21** 单击该层的第5帧，选中绿色按钮，在"动作"面板上输入如下语句，此时"动作"面板如图9-23（右图）所示。

```
on (release) {
    gotoAndPlay(1);
}
```

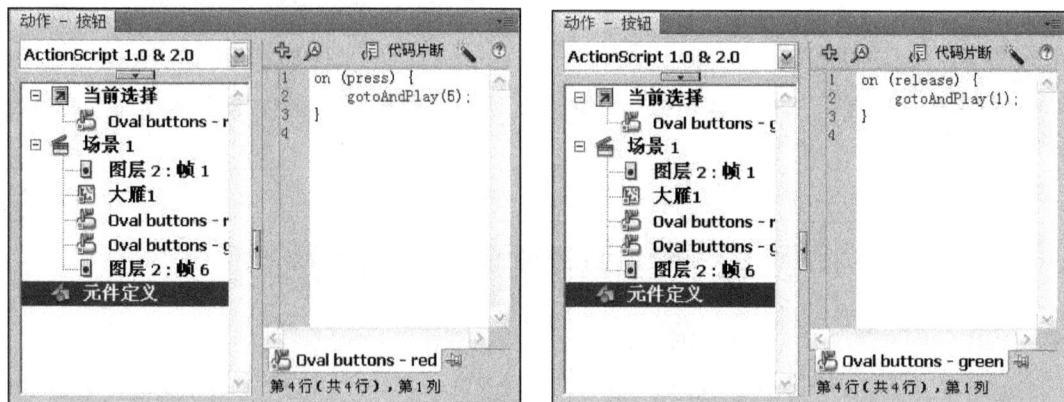

图9-23 为按钮添加脚本语句

### 为帧添加脚本语句

**Step 22** 单击该层的第6帧，在"动作"面板中输入如下语句，此时"动作"面板如图9-24所示。

```
gotoAndPlay(5);
```

**Step 23** 制作完成后的"时间轴"面板如图9-25所示。

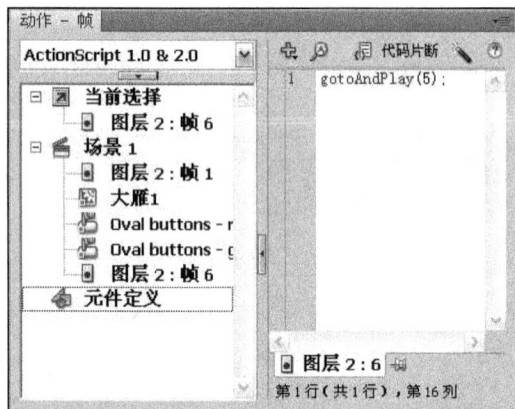

图9-24 添加脚本语句

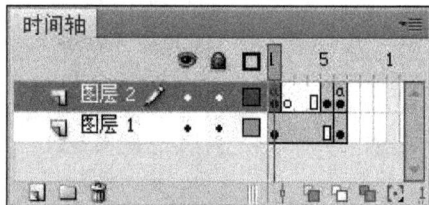

图9-25 "时间轴"面板

**Step 24** 选择制作结束后，保存文件。按Ctrl+Enter组合键输出动画，单击动画中的按钮，测试动画效果。

## 任务二 飞舞的蒲公英

### 📚 任务背景

本任务制作一个蒲公英跟随鼠标飞舞的动画，效果如图9-26所示。

图9-26 飞舞的蒲公英效果

## 📚 任务要求

一朵宛如云的蒲公英在蓝天的映衬下显示得格外漂亮，鼠标在影片中一移动，小白花将在画面中随意地、自然地飘动。

## 📚 任务分析

将小白花制作成影片剪辑元件，为帧添加脚本语句，使得整个画面色泽鲜明，小白花轻盈地在空中飞舞。

## 📚 重点、难点

① 创建图形和影片剪辑元件。

② 创建运动补间动画。

③ 为影片剪辑元件命名。

④ 为帧添加脚本。

【技术要领】刷子工具的使用、创建元件、创建传统补间、为影片剪辑元件命名、添加脚本语言。
【解决问题】为帧添加脚本语句。
【素材来源】光盘\素材与源文件\模块09\任务2\飞舞的蒲公英、背景.jpg。
【视频教程】光盘\视频教程\模块09\飞舞的蒲公英.avi。

## 操作步骤详解

### 创建文档

Step **01** 启动Flash CS5，创建一个新文档，修改背景颜色为蓝色，其他属性选项保持默认。

Step **02** 选择"文件">"保存"命令，将新文档保存到"素材与源文件\模块09\任务2"文件夹下，并为文档命名为"飞舞的蒲公英.fla"。

### 创建元件

Step **03** 选择"插入">"新建元件"命令，创建一个名为"蒲公英"的影片剪辑元件，如图9-27所示。单击"确定"按钮后，进入元件编辑状态。

Step **04** 选择刷子工具，绘制一朵蒲公英的花朵，设置其尺寸为45×48（像素），并使其相对于舞台居中对齐，如图9-28（左图）所示。

**Step 05** 选中绘制的图形，选择"修改" > "转换为元件"命令，将其转换成名为"图形1"的图形元件，如图9-28（右图）所示，单击"确定"按钮。

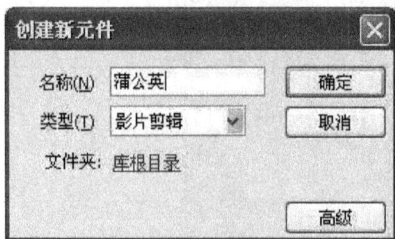

图9-27 创建影片剪辑元件（一）

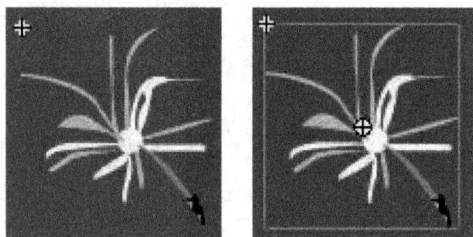

图9-28 绘制图形并转换为元件

**Step 06** 在第20帧处按F6键，插入关键帧，将图形拖动到舞台的右侧，利用任意变形工具将图形缩小，在"属性"面板中设置其Alpha值为0%，如图9-29所示，然后创建运动补间动画，并将"缓动"设置为-100，如图9-30所示。

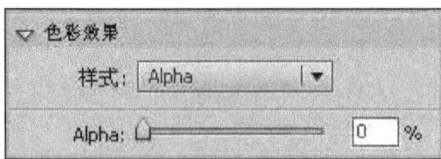

图9-29 设置元件的Alpha值

图9-30 设置缓动数值

**Step 07** 选择"插入" > "新建元件"命令，创建名为"运动的蒲公英"的影片剪辑元件，如图9-31所示。单击"确定"按钮，进入元件编辑状态。

**Step 08** 打开"库"面板，从中将影片剪辑元件"蒲公英"拖动到编辑区，利用"对齐"面板使其相对于舞台居中对齐。选中该元件实例，在"属性"面板中将其命名为dot1，如图9-32所示，并在第3帧按F5键，插入普通帧。

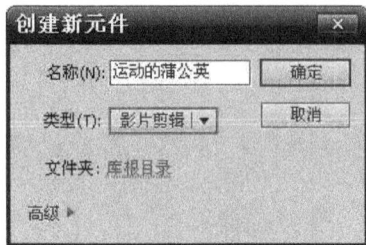

图9-31 创建影片剪辑元件（二）

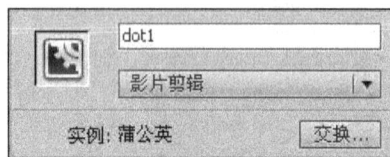

图9-32 为影片剪辑元件命名

### 为帧添加脚本语句

**Step 09** 单击"新建图层"按钮，插入"图层2"。选中第1帧，打开"动作"面板，输入以下脚本语句，此时"动作"面板如图9-33所示。

```
i="2";
startDrag("dot1", true);
```

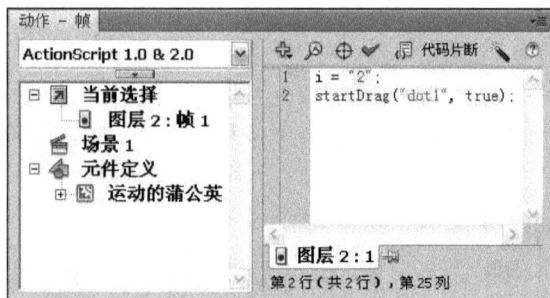

图9-33 为第1帧添加脚本语句

**Step 10** 在第2帧处插入空白关键帧，输入以下脚本语句，此时"动作"面板如图9-34所示。

```
if(40<i){
i="1";
}
duplicateMovieClip("dot1", "dot"+i, i+1889);
dot_rot = random(360);
setProperty("dot"+i, _rotation, dot_rot);
i++;
```

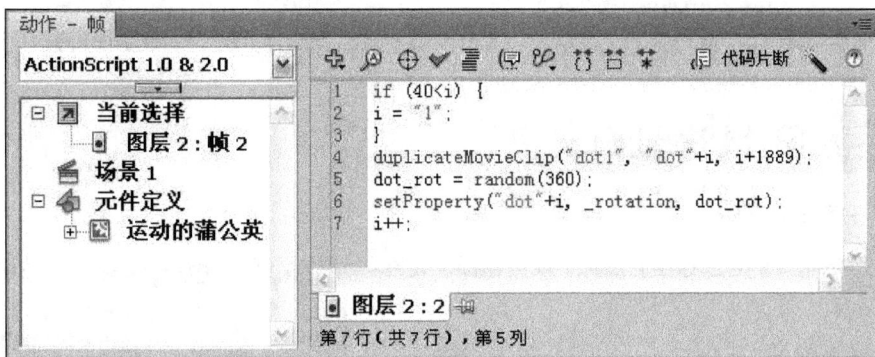

图9-34 为第2帧添加脚本语句

**Step 11** 在第3帧处按F7键，插入空白关键帧，输入以下脚本语句，此时"动作"面板如图9-35所示。

```
gotoAndPlay(2);
```

**Step 12** 脚本语句输入结束后，其"时间轴"面板如图9-36所示。

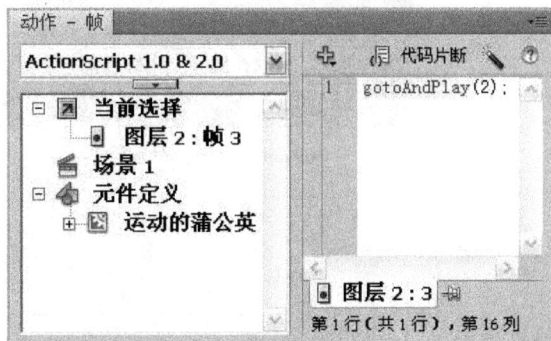

图9-35 为第3帧添加脚本语句

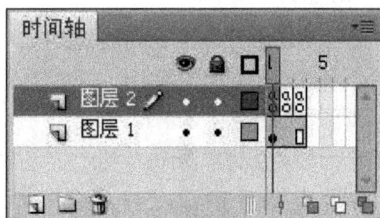

图9-36 "时间轴"面板（一）

## 组织场景

**Step 13** 按Ctrl+E组合键，返回"场景1"，选择"文件">"导入">"导入到舞台"命令，从"素材与源文件\模块9\任务2"文件夹下导入名为"背景"的图片，调整其大小与舞台相同，并使其相对于舞台居中对齐。

**Step 14** 单击"新建图层"按钮，添加"图层2"。在"图层2"的第1帧处，打开"库"面板，从"库"中将"运动的蒲公英"元件拖到舞台，放置在任意的地方。

**Step 15** 单击"新建图层"按钮，添加"图层3"。选择文本工具，在舞台中输入文字"飞舞的蒲公英"，并为文字添加滤镜效果，如图9-37所示。此时的"时间轴"面板如图9-38所示。

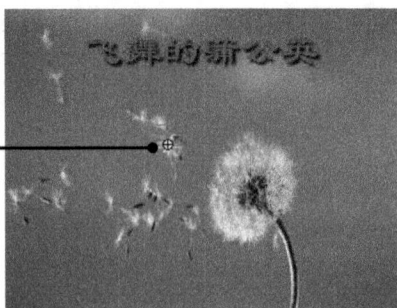

影片剪辑元件

图9-37 背景图片输入文字

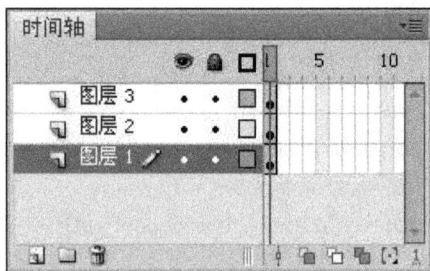

图9-38 "时间轴"面板（二）

**Step 16** 制作结束后，保存文件，按Ctrl＋Enter组合键，输出动画并用鼠标在影片中拖动，观察动画效果。

## 任务三 图片切换动画

### 📑 任务背景

本任务制作一个用鼠标控制图片切换的动画，效果如图9-39所示。

### 📑 任务要求

单击影片中的任何一张图片，图片都呈放大图形显示，再单击放大的图片，该图片恢复原样。

### 📑 任务分析

制作9个图形元件，并将它们排列在舞台中；制作图形按钮元件，将按钮元件覆盖在9个图形元件上；在不同的帧上调整图形尺寸，创建传统补间动画，为按钮添加脚本语句。

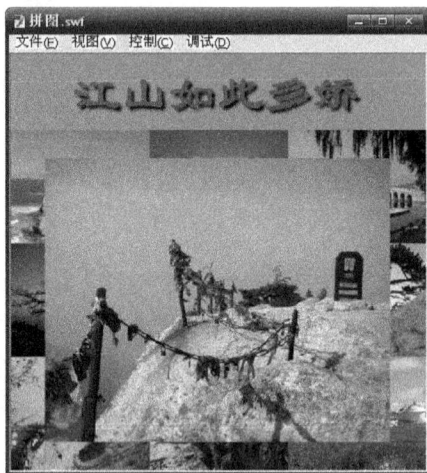

图9-39 图片切换动画效果

### 📑 重点、难点

① 创建图形元件和影片剪辑元件。
② 创建运动补间动画。
③ 为按钮添加脚本语句。
④ 为帧添加脚本语句。

【技术要领】创建元件、创建传统补间、添加脚本语句。
【解决问题】为帧和按钮添加脚本语句。
【素材来源】光盘\素材与源文件\模块09\任务3\图片切换动画、背景.jpg、图1～图9。
【视频教程】光盘\视频教程\模块09\图片切换动画.avi。

## 操作步骤详解

### 创建文档

**Step 01** 启动Flash CS5，创建一个新文档，修改背景颜色为淡蓝色，其他属性选项保持默认。

**Step 02** 选择"文件"＞"保存"命令，将新文档保存到"素材与源文件\模块09\任务3"文件夹下，并为文档命名为"图片切换动画.fla"。

## 创建元件

**Step 03** 选择"插入" > "新建元件"命令，创建一个名为"图片1"的图形元件，如图9-40（左图）所示。单击"确定"按钮，进入元件编辑状态。

**Step 04** 选择"文件" > "导入" > "导入到库"命令，从"素材与源文件\模块09\任务3"文件夹下导入名为"图1"～"图9"的9张图片。打开"库"面板，从中将名为"图1"的图片拖入到编辑区，在"属性"面板中设置其尺寸为150×120（像素），利用"对齐"面板使其相对于舞台居中对齐，如图9-40（右图）所示。

图9-40 创建图形元件并导入图片

**Step 05** 依照相同的方法，再创建8个图形元件，元件名称为"图片2"～"图片9"，将其他8张图片拖到各自的编辑区，调整尺寸并使图片相对于舞台居中对齐。

**Step 06** 选择"插入" > "新建元件"命令，创建一个名为"拼图"的图形元件，如图9-41（左图）所示。单击"确定"按钮，进入元件编辑状态。

**Step 07** 按F11键，打开"库"面板，从中将"图片1"拖入编辑区，调整X轴和Y轴的坐标为(0,0)，如图9-41（右图）所示（也就是第1张图片的位置在整个舞台的左上角）。

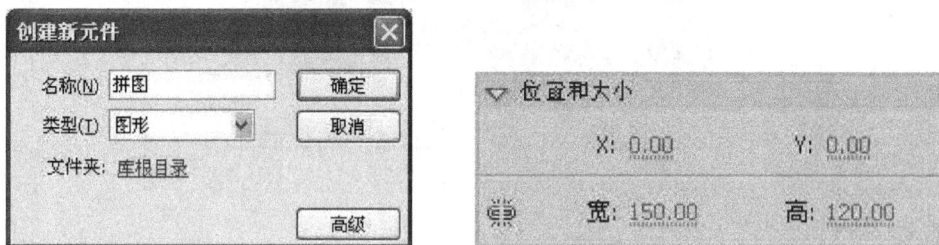

图9-41 创建元件并设置元件的位置

**Step 08** 依次将其他8个元件拖入舞台，分别调整它们的X轴和Y轴坐标分别为(150,0)、(300,0)、(0,120)、(150,120)、(300,120)、(0,240)、(150,240)和(300,240)，如图9-42所示。

**Step 09** 选择"插入" > "新建元件"命令，创建名为"矩形"的图形元件，如图9-43（左图）所示。单击"确定"按钮，进入元件编辑状态。

**Step 10** 选择矩形工具，拖动鼠标，在舞台上绘制一个无边框的矩形，设置其尺寸为150×120（像素），并使其相对于舞台居中对齐，如图9-43（右图）所示。

图9-42 排列图片

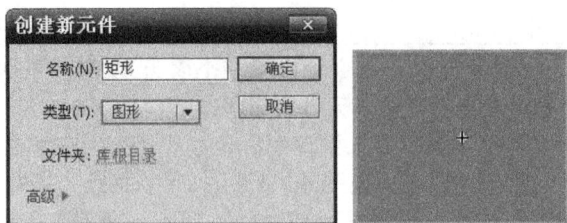

图9-43 创建图形元件

**Step 11** 选择"插入">"新建元件"命令，创建名为"按钮"的按钮元件，如图9-44所示。单击"确定"按钮，进入元件编辑状态。

**Step 12** 在"指针经过"帧处按F6键，插入关键帧，从"库"面板中将元件"矩形"拖到舞台，利用"对齐"面板使其相对于舞台居中对齐，并在"属性"面板中设置其Alpha值为30%，如图9-45所示。

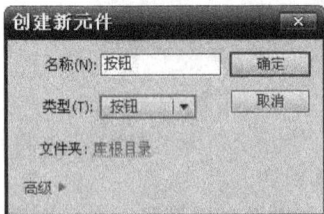

图9-44 创建按钮元件

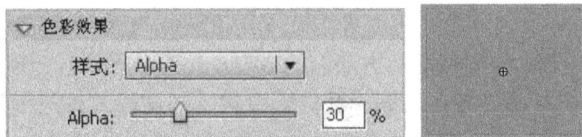

图9-45 修改按钮元件的Alpha值及效果

**Step 13** 在第4帧处按F6键，插入关键帧，此时"时间轴"面板如图9-46所示。

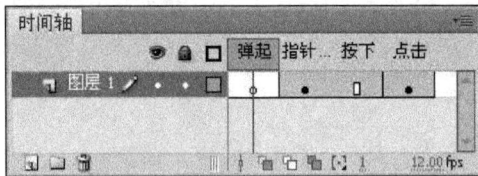

图9-46 "时间轴"面板

## 组织场景

**Step 14** 按Ctrl+E组合键，返回主场景。双击"图层1"名称处，将该图层的名称更改为"拼图"。选中"拼图"图层的第1帧，打开"库"面板，将图形元件"拼图"拖到舞台，放置在合适的位置，如图9-47所示。在第46帧处按F5键，插入普通帧。

**Step 15** 单击"新建图层"按钮，添加新图层，将其更名为"按钮"，从"库"面板中拖9个"按钮"元件覆盖在9个小图形的上方，如图9-48所示。

图9-47 将"拼图"拖到舞台

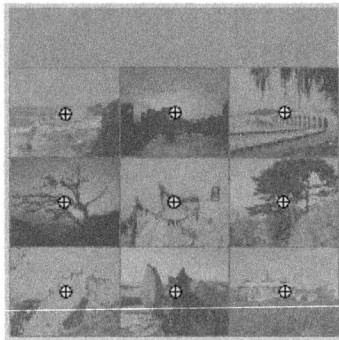

图9-48 按钮覆盖图片

**Step 16** 单击"新建图层"按钮，添加新图层，更名为"图片1"，在第2帧处按F7键，插入空白关键帧。从"库"面板中将"拼图"元件中相对应的图片元件（"图片1"元件）拖到舞台，调整尺寸为150×120（像素），将其放在相应的图片位置上。

**Step 17** 在第6帧处按F6键，插入关键帧，打开"属性"面板，在该面板中设置其尺寸为450×360（像素），并将"拼图"元件实例覆盖住，用鼠标右键单击第2帧，在弹出的快捷菜单中选择"创建传统补间"命令，创建运动补间动画，将该图层的第6帧以后的帧删除。

**Step 18** 单击"新建图层"按钮，添加新图层，并将其更名为"图片2"，在第7帧处按F7键，插入空白关键帧。从"库"面板中将"拼图"元件中相对应的图片元件（"图片2"元件）拖到舞台，调整尺寸为150×120（像素），放在相应的图片位置上。

**Step 19** 在第11帧处按F6键，插入关键帧，在"属性"面板中设置其尺寸为450×360（像素），并将元件实例覆盖，用鼠标右键单击第7帧，在弹出的快捷菜单中选择"创建传统补间"命令，创建运动补间动画，将该图层第11帧以后的帧删除。

**Step 20** 依照上述方法，插入7个新图层，依次将相应的图片拖到各个图层，以5帧为一个动画组，在"图片3"～"图片9"的第12帧、第17帧、第22帧、第27帧、第32帧、第37帧和第42帧处按F7键，插入空白关键帧，调整图片尺寸和位置的帧为第16帧、第21帧、第26帧、第31帧、第36帧、第41帧和第46帧，然后在每个图层中创建运动补间动画。

**Step 21** 单击"新建图层"按钮，添加新图层，更名为"返回按钮"层，在第2帧处按F7键，插入空白关键帧。从"库"面板中拖出"按钮"元件，在"属性"面板中设置尺寸为450×360（像素），并将舞台中的元件实例覆盖住。

## 添加脚本语句

**Step 22** 将其他图层全部锁定，选中"按钮"层的每一个按钮，打开"动作"面板，为各按钮添加以下脚本语句。为其中一个按钮添加脚本的"动作"面板如图9-49所示。

- 第1个按钮：on(release){gotoandplay(2);}
- 第2个按钮：on(release){gotoandplay(7);}
- 第3个按钮：on(release){gotoandplay(12);}
- 第4个按钮：on(release){gotoandplay(17);}
- 第5个按钮：on(release){gotoandplay(22);}
- 第6个按钮：on(release){gotoandplay(27);}
- 第7个按钮：on(release){gotoandplay(32);}
- 第8个按钮：on(release){gotoandplay(37);}
- 第9个按钮：on(release){gotoandplay(42);}

**Step 23** 选中"返回按钮"层的按钮，为该按钮添加以下脚本语句。

```
on(release){gotoandplay(1);}
```

**Step 24** 为"图片1"～"图片9"图层的最后1帧，添加以下脚本语句。

```
stop();
```

**Step 25** 在"返回按钮"图层的第1帧处，添加以下脚本语句。

```
stop();
```

**Step 26** 选中"返回按钮"图层，单击"新建图层"按钮，添加新图层，并更名为"文字"。选择文本工具，拖动鼠标，在文本框中输入文字"江山如此多娇"，如图9-50所示。

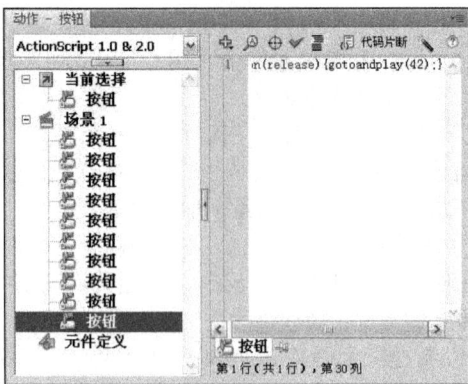

图9-49 为按钮添加脚本

图9-50 完成制作后的舞台

Step **27** 完成制作后的"时间轴"面板如图9-51所示。

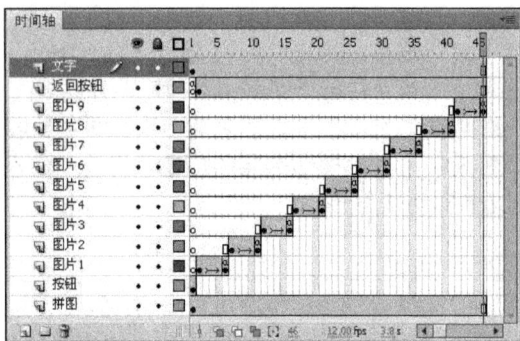

图9-51 "时间轴"面板

Step **28** 制作结束后，保存文件，按Ctrl+Enter组合键，输出动画并用鼠标单击图片，测试动画效果。

## 任务四 ▶ 制作雪花纷飞的动画效果

### 📎 任务背景

本任务利用脚本语句制作一个雪花飘飘的动画，效果如图9-52所示。

图9-52 雪花纷飞效果

### 📎 任务要求

雪花纷纷扬扬，飘洒自然，洒落在梅花上，方显出一番雪白梅红的美丽景象。

## 任务分析

将雪花制作成元件，并为该元件的实例命名，然后为影片剪辑和帧添加脚本语句。

## 重点、难点

① 创建图形元件和影片剪辑元件。

② 为元件实例命名。

③ 为影片剪辑添加脚本语句。

④ 为帧添加脚本语句。

【技术要领】创建元件、添加脚本语句。

【解决问题】为帧和影片剪辑元件添加脚本语句。

【素材来源】光盘\素材与源文件\模块09\任务4\雪花飘飘、背景.jpg。

【视频教程】光盘\视频教程\模块09\雪花飘飘.avi。

## 操作步骤详解

### 创建文档

**Step 01** 启动Flash CS5，创建一个新文档，修改背景颜色为黑色，其他属性选项保持默认。

**Step 02** 选择"文件">"保存"命令，将新文档保存到"素材与源文件\模块09\任务4"文件夹下，并为文档命名为"雪花飘飘.fla"。

### 创建元件

**Step 03** 选择"插入">"新建元件"命令，创建一个名为"雪花"的图形元件，如图9-53所示。单击"确定"按钮，进入元件编辑状态。

**Step 04** 选择线条工具，在"属性"面板中设置笔触高度为0.25，笔触颜色为白色，如图9-54（左图）所示。拖动鼠标，在舞台中心点处绘制3条交叉的短线，如图9-54（右图）所示。

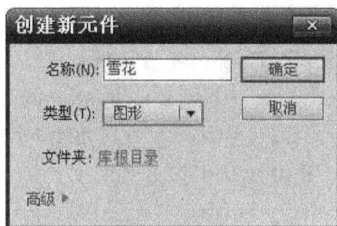

图9-53 创建新元件

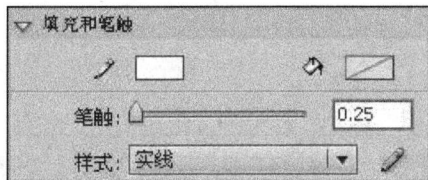

图9-54 设置"属性"并绘制"雪花"

**Step 05** 选中舞台中的雪花，调整其大小为3×3（像素），选择"修改">"转换为元件"命令，将其转换成名为"雪花1"的影片剪辑元件，如图9-55所示。

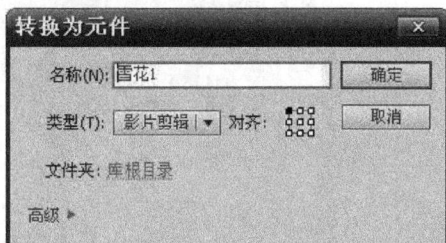

图9-55 图形转换为元件

## 导入背景图片

**Step 06** 选择"文件">"导入">"导入到库"命令,从"素材与源文件\模块09\任务4"文件夹下导入一张名为"背景"的图片。

**Step 07** 按Ctrl+E快捷键,返回主场景,在"图层1"的第1帧处,打开"库"面板,将背景图片拖动到舞台,调整其大小与舞台相同,如图9-56所示,将"图层1"更名为"背景"。

**Step 08** 单击"新建图层"按钮,添加新图层,将其更名为"雪花"。从"库"中将影片剪辑元件"雪花1"拖到舞台的任意地方,选中该元件实例,在"属性"面板中输入实例名称snow,如图9-57所示。

图9-56 导入背景图片　　　　　　　　图9-57 为影片剪辑元件命名

## 添加脚本语句

**Step 09** 选中舞台中的影片剪辑元件,打开"动作"面板,添加以下脚本语句,此时"动作"面板如图9-58所示。

```
onClipEvent (enterFrame) {
this._x = this._x + ((Math.random() * this._xscale) / -10);
 this._y = this._y + ((Math.random() * this._yscale) / 10);
 if (this._x < 0) {
this._x = 550;
 }
if (this._y > 400) {
this._y = 0;
 }
}
```

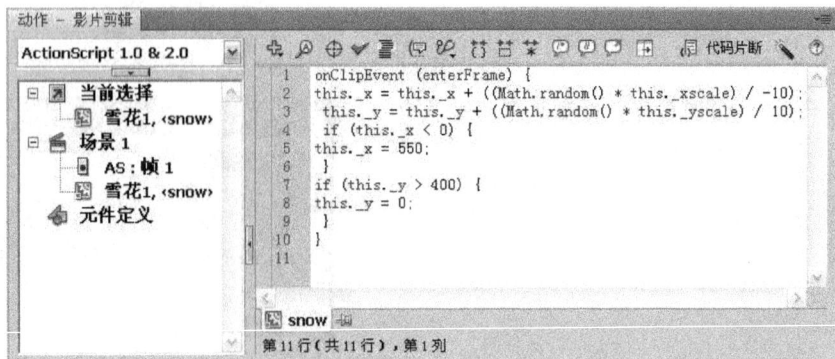

图9-58 为元件添加脚本语句

Step **10** 单击"新建图层"按钮，添加新图层，并将其更名为AS。选中第1帧，打开"动作"面板，添加以下脚本语句，此时"动作"面板如图9-59所示。

```
i = 1;
while (i <= 300) {
duplicateMovieClip ("snow", "snow" + i, i);
setProperty("snow" + i, _x , random (550));
setProperty("snow" + i, _y , random (400));
setProperty("snow" + i, _xscale , (Math.random() * 60) + 40);
setProperty("snow" + i, _yscale , eval ("snow" + i)._xscale);
setProperty("snow" + i, _alpha , eval ("snow" + i)._xscale + random (30));
i++;
}
```

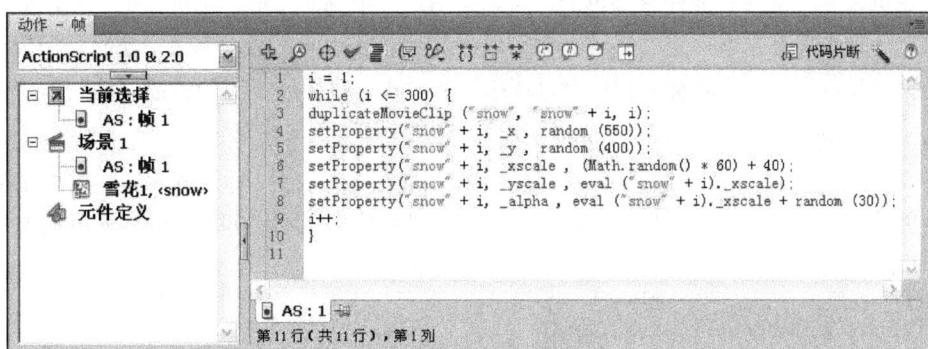

图9-59 为帧添加脚本语句

Step **11** 此时的"时间轴"面板如图9-60所示。

Step **12** 制作结束后，保存文件，按Ctrl+Enter组合键，输出动画并观看动画效果。

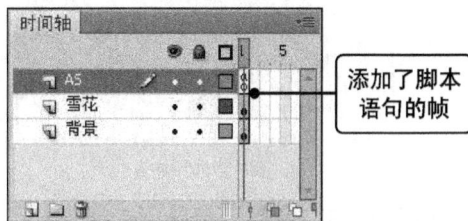

图9-60 "时间轴"面板

# 知识点拓展

## ❶ 按钮的4种状态

### （1）"弹起"帧

按钮一开始呈现的状态即为"弹起"状态，如图9-61（左图）所示。

### （2）"指针经过"帧

当鼠标指针盘旋在按钮上方时按钮显现的状态，如图9-61（中图）所示。

### （3）"按下"帧

当浏览者在按钮上按下鼠标时按钮显现的状态，如图9-61（右图）所示。

图9-61 鼠标的"弹起"、"指针经过"和"按下"状态

**（4）"点击"帧**

定义响应鼠标事件的区域，根据不同的按钮形状，绘制该区域也会有所不同，这个区域要略大于绘制的按钮，此区域在SWF文件中不可见。

## ❷ 制作按钮

按钮可以是任意形状或任意颜色的，可以是图片、绘制的图形，也可以是文本，如一个矩形图形、一只小甲壳虫或一组文字等，都可以作为制作按钮的素材。下面来绘制一个按钮，其效果是按钮弹起当光标（鼠标）指针滑过或按下的时候，按钮以不同的颜色显示。

Step **01** 创建一个新文档，保持默认属性选项。

Step **02** 选择"插入" > "新建元件"命令，弹出"创建新元件"对话框，在文本框中输入名称"颜色按钮"，选择"类型"为"按钮"，单击"确定"按钮，如图9-62所示。此时"时间轴"面板如图9-63所示。

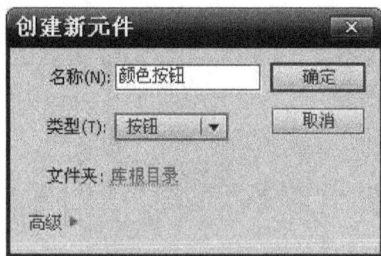

图9-62 新建按钮元件

图9-63 按钮的"时间轴"面板

Step **03** 选中"弹起"帧后，选择矩形工具，打开"属性"面板，在该面板中设置4个角的"矩形边角半径"均为10.00，如图9-64所示。

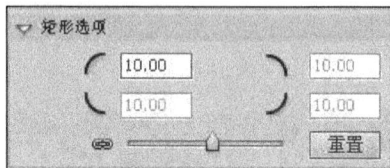

图9-64 设置矩形边角半径

Step **04** 设置填充颜色为蓝色，拖动鼠标，在工作区绘制一个无边框的圆角矩形，利用"对齐"面板使其相对于舞台居中对齐。用鼠标右键单击该矩形，在弹出的快捷菜单中选择"复制"命令。

Step **05** 选中矩形，选择"修改" > "形状" > "柔化填充边缘"命令，弹出"柔化填充边缘"对话框。

Step **06** 在该对话框中输入"距离"和"步长数"的数值皆为10，选择"扩展"方向，如图9-65（左图）所示。

Step **07** 单击"确定"按钮，舞台中所绘制的矩形边缘被柔化，如图9-65（中图）所示。

**Step 08** 单击"新建图层"按钮,插入"图层2",选择"弹起"帧,选择文本工具,设置字体为"隶书"、大小为50点,输入"弹起"两个字,如图9-65(右图)所示。

图9-65 设置图形柔化边缘

**Step 09** 在"图层1"的"指针经过"帧处按F6键,插入关键帧,在舞台空白处右击,在弹出的快捷菜单中选择"粘贴到当前位置"命令,复制一个矩形。然后选中复制的矩形,利用键盘的方向键,将其向下、向左各移动3像素,并将其颜色更改为黄色。在"图层2"的"指针经过"帧处按F7键,插入空白关键帧,选中文本工具,设置属性,在文本框中输入"指针经过"4个字,利用"对齐"面板使其相对于舞台居中对齐,如图9-66(左图)所示。

**Step 10** 在"图层1"的"按下"帧处按F6键,插入关键帧,然后选中上一帧粘贴的黄色矩形,将其更改为红色。在"图层2"的"按下"帧处按F7键,插入空白关键帧,选中文本工具,设置属性,在文本框中输入"按下"两个字,利用"对齐"面板使其相对于舞台居中对齐,如图9-66(中图)所示。

**Step 11** 在"点击"帧处按F6键,插入关键帧,选择矩形工具,拖动鼠标,在工作区绘制一个无边框任意颜色的矩形,将绘制的按钮矩形覆盖(比按钮的矩形稍微大一点即可),如图9-66(右图)所示。

图9-66 创建按钮图形

**Step 12** 在"图层2"的"点击"帧处,插入一个空白关键帧,此时的"时间轴"面板如图9-67所示。

**Step 13** 按Ctrl+E组合键,返回"场景1"。选择"窗口">"库"命令,打开"库"面板,从"库"中将制作好的"颜色按钮"按钮元件拖到舞台上。

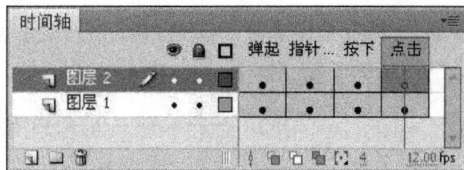

图9-67 "时间轴"面板

### ❸ 为按钮添加简单的动作

为按钮添加动作的具体方法如下。

**Step 01** 选中舞台中的按钮,选择"窗口">"动作"命令,打开"动作"面板。

**Step 02** 在"动作"面板中单击 🗗 按钮,选择"全局函数>浏览器/网络>getURL"命令,如图9-68所示。

模块09
制作简单交互动画　165

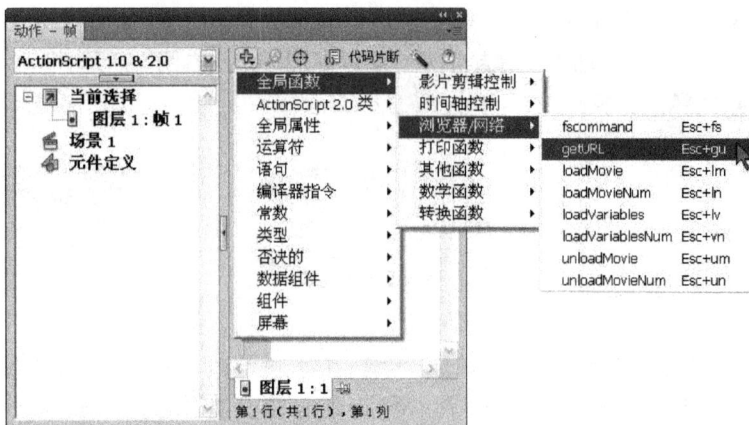

图9-68 选择命令

**Step 03** 在脚本编辑窗口中输入要链接的网址或E-mail信箱。如果链接的是网址，则要以http:/开头，如http://blog.sina.com.cn/u/1234349614；如果链接的是E-mail，则要以mailto:开头，如mailto:bing66911@163.com，此处链接的网址是http://blog.sina.com.cn/u/1234349614，如图9-69所示，单击"确定"按钮即可。

图9-69 添加脚本语句

### ❹ 测试按钮互动与超链接功能

**（1）测试按钮互动**

按Ctrl+Enter组合键，导出一个.swf格式的影片，以观察按钮的互动反应。试着将鼠标指针在按钮表面上盘旋并单击，以观察它是否能够正确反应，如图9-70（左图）所示。

**（2）测试按钮的超链接功能**

按钮的超链接功能无法在Flash环境中测试，必须启动浏览器来确认链接是否成功，如图9-70（右图）所示。

图9-70 测试按钮

# 独立实践任务

## 任务五 制作按钮

### 📚 任务背景

某公司为了销售产品专门制作了销售网页,在该网页中为浏览者提供了跳转按钮,以满足不同用户的需要,如图9-71所示。

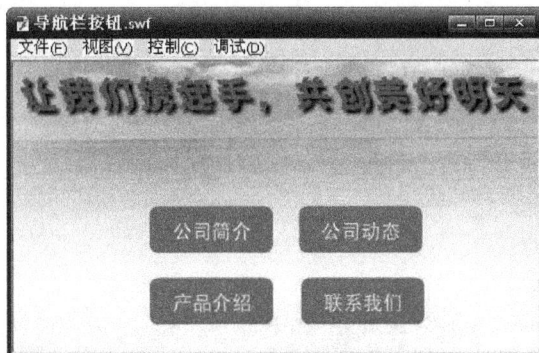

图9-71 效果图

### 📚 任务要求

以所给出的"导航按钮.swf"文件中的按钮为例,要求功能上、形式上要与其完全一致,色彩方面可根据自己的喜好进行设置。

【技术要领】矩形工具、文本工具的使用。
【解决问题】矩形按钮创建。
【素材来源】光盘\素材与源文件\模块09\导航按钮.swf。

### 📚 任务分析

- - - - - - - - - - - - - - - - - - - - - - - - - - - - - - -

- - - - - - - - - - - - - - - - - - - - - - - - - - - - - - -

- - - - - - - - - - - - - - - - - - - - - - - - - - - - - - -

- - - - - - - - - - - - - - - - - - - - - - - - - - - - - - -

- - - - - - - - - - - - - - - - - - - - - - - - - - - - - - -

- - - - - - - - - - - - - - - - - - - - - - - - - - - - - - -

- - - - - - - - - - - - - - - - - - - - - - - - - - - - - - -

- - - - - - - - - - - - - - - - - - - - - - - - - - - - - - -

- - - - - - - - - - - - - - - - - - - - - - - - - - - - - - -

# 职业技能知识点考核

## 1. 单项选择题

（1）Flash内嵌的脚本程序是（　　　）。

A. ActionScript B. VBScript C. JavaScript D. JScript

（2）按钮元件有（　　）帧。

A. 3 B. 4 C. 5 D. 6

## 2. 判断题

（1）Flash CS5的"动作"面板是一个专门处理动作脚本的编辑环境。（　　）

（2）制作动画时，其脚本语句是可以在动画的任何地方进行添加的。（　　）

## 模 块

# 10

# 多媒体与组件的应用

本模块主要引导用户掌握在Flash动画中为按钮、动画添加声音文件的方法和技巧，学会在动画中添加视频文件，还要掌握利用组件创建动画的方法。

## 能力目标

1. 能够为按钮添加声音
2. 能够为动画添加背景音乐
3. 能够将视频文件添加到动画中
4. 能够灵活运用组件创建动画

## 专业知识目标

1. 了解音频文件和视频文件
2. 熟悉音频文件的类型
3. 学会为按钮添加音响效果
4. 学会为动画添加背景音乐
5. 学会运用视频制作动画
6. 学会创建组件动画

## 课时安排

8课时（讲授4课时；实践4课时）

## 任务参考效果图

# 知识储备

## 知识一 ▶ 音频

Flash提供许多使用音频文件的方法，可以使音频文件独立于时间轴连续播放，也可以使动画与一个音轨同步播放。为按钮添加声音，使其具有更强的互动性，通过声音淡入淡出可以使音轨音效更加优美。

### 1．声音资源

声音是一种资源，存于"库"面板中。Flash可以为按钮事件添加少量声音效果，也可以制作一个自定义的音乐音轨作为背景音乐，还可以在动画中用同步可视元素和声音或音轨来创作一个流畅的演示文稿。

在Flash动画中，只需要一个声音文件的副本就可以在影片中以各种方式使用某种声音，如既可以使用全部声音，也可以将声音的一部分重复地放入影片中的不同位置，这样不会额外地增加Flash文件大小。通过在元件的"元件属性"对话框中给声音文件分配表示字符串，还可以在动作脚本中访问声音。

### 2．声音类型

Flash中有两种声音类型，即事件声音和数据流声音。声音的类型决定编辑效果和放置在时间轴的方式。

- 事件声音：必须在播放之前完成下载，它可以连续播放，直到有明确的停止指令时才停止播放。可以把事件声音作为单击按钮的声音，也可以作为循环的音乐，放置于任意一个希望从开始播放到结束而不被中断的地方。
- 数据流声音：只需在下载开始的几帧后就可以播放，并且能和Web上播放的时间轴同步。可以把流声音用于音轨或声轨中，以便声音与影片中的可视元素同步，也可以作为只使用一次的声音。

## 知识二 ▶ 视频

在Flash CS5中除了可以应用其他软件制作的矢量图形和位图，还可以将视频剪辑文件导入动画中加以应用。此时的视频文件便成为动画文件的一个元件，而插入文档的内容就是该元件的实例。将视频剪辑文件导入Flash动画时，可以在导入之前对视频剪辑文件进行编辑，也可以应用自定义进行设置，如对带宽、品质、颜色纠正、裁切等选项进行设置。

Flash CS5对导入的视频格式有很高的要求，支持的视频格式有FLV和F4V格式编码的视频，如果导入的视频不是该类编码视频，就要通过Adobe Media Encoder进行编码转换后才能将文件导入到Flash CS5中。导入视频后，可以对视频进行缩放、旋转、扭曲、遮罩等操作，以及Alpha通道将视频编码为透明背景的视频，并且可以通过脚本实现交互效果。

## 知识三 组件的概念和类型

### 1. 组件

在Flash CS5中，如果要使动画具备某种特定的交互功能，除了为动画中的帧、按钮或影片剪辑添加动作脚本这种方法以外，还可以利用Flash CS5中提供的各种组件来实现。

组件是Flash中重要的组成部分，是一种已经定义了参数的影片剪辑元件，通过设置参数可以修改组件的外观和行为。同时，组件具有一定的脚本，允许设置和修改其选项。使用组件，可以构建复杂的Flash应用程序，使用户不必创建自定义按钮、组合框、列表等。选择"窗口">"组件"命令，即可打开"组件"面板，如图10-1所示，其中包括了多种内置的组件。

每个组件都有预定义参数，可以在创作时设置这些参数；每个组件还有一组独特的动作脚本方法、属性和事件，可以在运行时设置参数或选择其他选项，从而完成以前只有专业人员才能实现的交互动画。

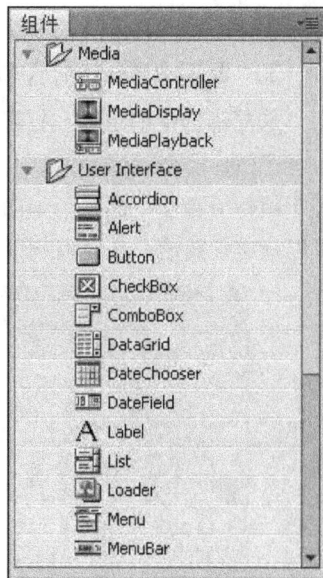

图10-1 "组件"面板

### 2. 组件的类型

利用内置的组件不但可以创建功能强大、效果丰富的程序界面，还可以加载和处理数据源的信息。Flash CS5内置了3种类型组件：UI（User Interface）组件、Video组件和Media组件，其中使用最多的是UI和Video组件。

- UI（用户界面）组件：该组件用于设置用户界面，并通过界面使用户与应用程序进行交互操作，在Flash中大多数交互操作都是通过该组件实现的。
- Video（视频）组件：该组件是多媒体组件，通过这些组件与各种多媒体制作及播放软件等进行交互操作。

> **提 示**
>
> Adobe Flash Professional包含ActionScript 2.0（简称AS 2.0）组件和ActionScript 3.0（简称AS 3.0）组件，用户不能混合使用这两组组件，对于给定的应用程序，只能使用其中的一组。该教程是针对AS 2.0版本进行介绍的。

## 知识四 组件的基本操作

### 1. 添加组件

添加组件到舞台的步骤如下。

**Step 01** 选择"窗口">"组件"命令，打开"组件"面板。

**Step 02** 选择面板中所需组件，按住鼠标将其拖放到舞台（也可以双击选择组件）。

**Step 03** 选中舞台中的组件，打开"属性"面板为实例命名，使用参数标签设置参数，根据需要修改组件大小。

提 示

从组件被拖放到舞台中开始,该组件就被作为一个影片剪辑元件存放在"库"面板中,而舞台中的组件就是元件实例。如果想再添加同样的组件,只需打开"库"面板,从"库"中将该组件拖曳到舞台即可。

### 2. 查看和修改组件参数

选择舞台中的组件,打开"属性"面板,如图10-2所示。该面板的"组件参数"选项组中包含了组件的全部属性信息,通过它们可以修改组件的外观。单击实例名称右侧的按钮 🎨 ,打开"组件检查器"面板,如图10-3所示。该检查器可以帮助用户从组件中添加或删除参数,还可以指定参数值,从而控制该组件的实际功能。

图10-2 "属性"面板

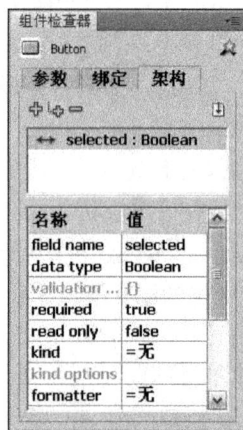

图10-3 "组件检查器"面板

### 3. 预览组件

对组件的属性和参数修改完成后,可以从动画预览中看到组件发布后的外观,并反映出不同组件的不同参数。通过选择"控制">"启用动态预览"命令,可以启动或关闭动态预览模式。

默认情况下,这个预览功能是开启的,以便用户预览组件的外观和大小,但是在这种状态下,不能对组件进行测试和操作。要测试该组件功能,可以选择"控制">"测试影片"命令。

# 模拟制作任务

## 任务一 ▶ 为按钮添加声音效果

### 🍃 任务背景

在Flash中经常需要为按钮的不同状态添加不同的声音,使得鼠标指针在对按钮进行操作时产生不同的音响效果。本任务是为按钮元件的一个帧添加音频文件,制作完成后的效果如图10-4所示。

图10-4 为按钮添加声音效果

## 任务要求

通过对本任务的学习，读者可以对为按钮元件的帧添加音频文件有更进一步的了解，更要掌握如何为按钮添加声音的操作方法。

## 任务分析

创建一个简单的按钮元件，在"按下"帧处添加声音。

## 重点、难点

① 制作按钮元件。

② 通过选择声音名称为按钮添加音频文件。

③ 查看"库"面板中的音频文件。

【技术要领】矩形工具、文本工具的使用；按钮元件创建。

【解决问题】在某一帧处添加声音。

【素材来源】光盘\素材与源文件\模块10\任务1\为按钮添加声音效果.swf、音效.wav。

【视频教程】光盘\视频教程\模块10\为按钮添加声音效果.avi。

## 操作步骤详解

### 创建文档

Step **01** 启动Flash CS5，创建一个新文档，保持默认属性选项。

Step **02** 选择"文件">"保存"命令，将新文档保存到"素材与源文件\模块10\任务1"文件夹下，并为文档命名为"为按钮添加声音效果.fla"。

### 创建按钮元件

Step **03** 选择矩形工具，打开"属性"面板，在该面板中设置矩形边角半径为10.00，如图10-5（左图）所示。拖动鼠标，在舞台上绘制一个圆角矩形，再选择文本工具，在矩形内输入文字"按下"，如图10-5（右图）所示。

图10-5 设置参数及绘制图形

Step **04** 选中第1帧，即可将图形及文字全部选中，选择"修改">"转换为元件"命令，将其转换成名为"播放按钮"的按钮元件，如图10-6（左图）所示。单击"确定"按钮，按钮元件如图10-6（右图）所示。

图10-6 将图形转换为按钮元件

Step **05** 双击该按钮元件，进入按钮元件编辑状态，可以看到在"时间轴"面板上的4种状态中，只有"弹起"帧处创建了一个关键帧，如图10-7所示。

图10-7 按钮元件的"时间轴"面板

Step **06** 在"指针经过"帧处按F6键，插入关键帧，在"按下"帧和"点击"帧处按F7键，插入空白关键帧。

### 导入并添加音频文件

Step **07** 选择"文件">"导入">"导入到库"命令，由"素材与源文件\模块10\任务1"文件夹下，导入名为"音效.wav"的音频文件，此时"库"面板中的文件如图10-8所示。

Step **08** 选择"按下"帧，打开"属性"面板，在该面板的"声音"选项组的"名称"下拉列表中选择声音文件"音效.wav"，如图10-9所示。

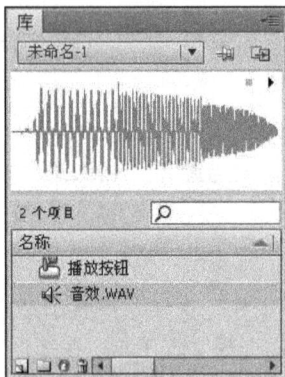

图10-8 "库"中的音频文件

图10-9 添加音频文件

Step **09** 因为音效文件是隐形、无形体的，但是在时间轴中可以看到一段声波出现，如图10-10所示。

Step **10** 按Ctrl+E组合键，返回主场景。制作结束后，保存文件。按Ctrl+Enter组合键，输出并测试动画，当单击按钮时，即可听到按钮发出的声音。

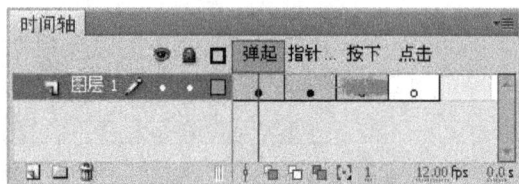

图10-10 时间轴中的声波

> **提 示**
>
> 使用同样的方法，可以为其他帧添加不同的音频效果。

## 任务二 ▶ 为动画添加背景音乐

### ◆ 任务背景

通过前面对导入音频文件和设置声音属性的学习，用户对声音有了简单的认识。本任务再来为动画添加背景音乐，进一步对声音文件进行简单的介绍，制作完成后的效果如图10-11所示。

### 任务要求

通过对本任务的学习，使读者懂得音乐在动画中的重要性，并熟练掌握添加音频文件的操作步骤和方法。

### 任务分析

为制作好的动画添加背景音乐。

### 重点、难点

① 通过拖曳的方法添加音乐。

② 查看"库"面板中的音频文件。

③ 在"库"面板中播放音频文件。

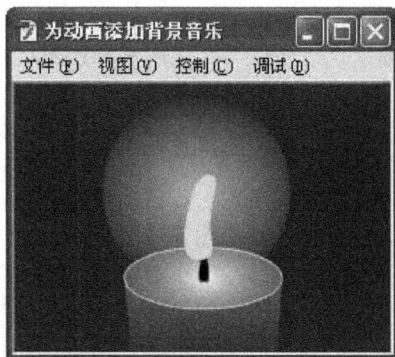

图10-11 为动画添加背景音乐效果

【技术要领】导入音频文件；添加音频文件。

【解决问题】在动画添加背景音乐。

【素材来源】光盘\素材与源文件\模块10\任务2\为动画添加背景音乐.swf、祝你生日快乐.wav、摇曳的烛光.fla。

【视频教程】光盘\视频教程\模块10\为动画添加背景音乐.avi。

## 操作步骤详解

### 创建文档

**Step 01** 启动Flash CS5，选择"文件">"打开"命令，由"素材与源文件\模块10\素材"文件夹下，打开名为"摇曳的烛光"源文件。为了便于操作，将所有图层全部锁定，如图10-12所示。

**Step 02** 选择"文件">"保存"命令，将新文档保存到"素材与源文件\模块10\任务2"文件夹下，并为文档命名为"为动画添加背景音乐.fla"。

### 导入音频文件

**Step 03** 选择"文件">"导入">"导入到库"命令，在"素材与源文件\模块10\任务2"文件夹下，导入名为"祝你生日快乐"的音频文件。选择"窗口">"库"命令，打开"库"面板。在该库中可以看到导入的音频文件，如图10-13所示。单击右上角的"播放"按钮，即可在"库"中播放。

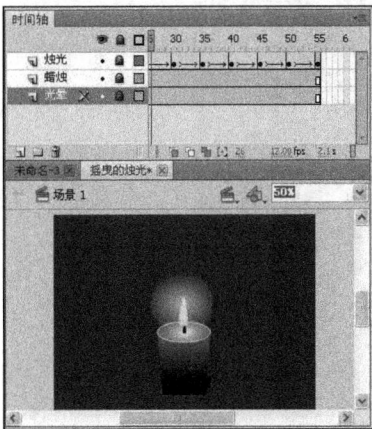

图10-12 打开Flash源文件

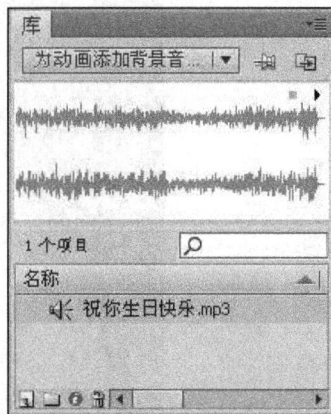

图10-13 导入"库"中的音频文件

Step **04** 选中"烛光"图层,单击图层下的"新建图层"按钮,创建一个新图层,并将该图层命名为"音乐",图层排列如图10-14所示。

## 添加音频文件

Step **05** 选择"音乐"图层的第1帧,从"库"中将音频文件拖曳到舞台中。选中音频文件,打开"属性"面板,在该面板中设置"效果"为"淡入"、"同步"为"事件"、"声音循环"为"循环",如图10-15所示。

图10-14 插入新图层

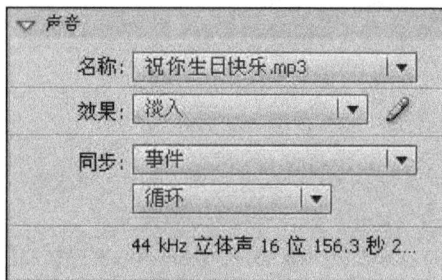

图10-15 在"属性"面板中设置参数

Step **06** 设置结束后,保存文件,此时"时间轴"面板如图10-16所示。按Ctrl+Enter组合键测试动画,此时可听到背景音乐响起。

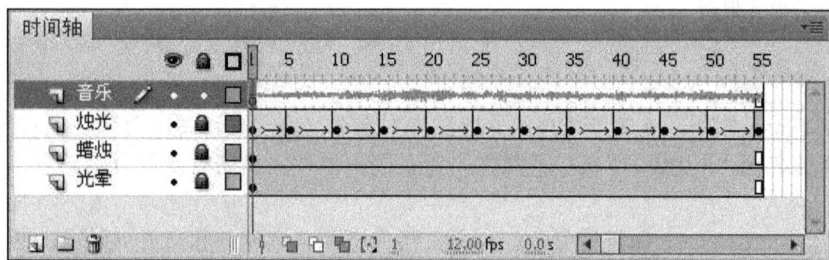

图10-16 "时间轴"面板

## 任务三 ▶ 为动画添加视频文件

### 任务背景

将视频文件添加到动画中,制作完成后的效果如图10-17所示。

图10-17 为动画添加视频文件效果

### 🔖 任务要求

通过本任务的学习，使读者能够很容易地把一个成熟的视频文件添加到动画文件中，掌握视频文件的添加步骤和方法。

### 🔖 任务分析

为动画添加成熟的视频文件。

### 🔖 重点、难点

① 通过导入的方法将视频文件导入到动画中。

② 为视频文件创建影片剪辑元件。

【技术要领】导入视频文件；创建影片剪辑元件。
【解决问题】在动画添加视频文件。
【素材来源】光盘\素材与源文件\模块10\任务3\为动画添加视频文件.swf、纯雪花.flv、背景.jpg。
【视频教程】光盘\视频教程\模块10\为动画添加视频文件.avi。

## 操作步骤详解

### 创建文档

Step **01** 启动Flash CS5，创建一个新文档，修改背景颜色为淡蓝色，保持默认属性选项。

Step **02** 选择"文件">"保存"命令，将新文档保存到"素材与源文件\模块10\任务3"文件夹下，并为文档命名为"为动画添加视频文件.fla"。

### 导入背景图片

Step **03** 选择"文件">"导入">"导入到库"命令，在"素材与源文件\模块10\任务3"文件夹下，导入名为"背景"的图片，将图片导入到"库"面板中备用。

Step **04** 选择"文件">"导入">"导入视频"命令，打开"导入视频"对话框。在该对话框中单击"文件路径"右侧的"浏览"按钮，在弹出的"打开"对话框中在"素材与源文件\模块10\素材"文件夹下，打开名为"纯雪花.flv"的视频文件。

### 导入视频文件

Step **05** 在该对话框中选择"在SWF中嵌入FLV并在时间轴中播放"单选按钮，如图10-18所示。

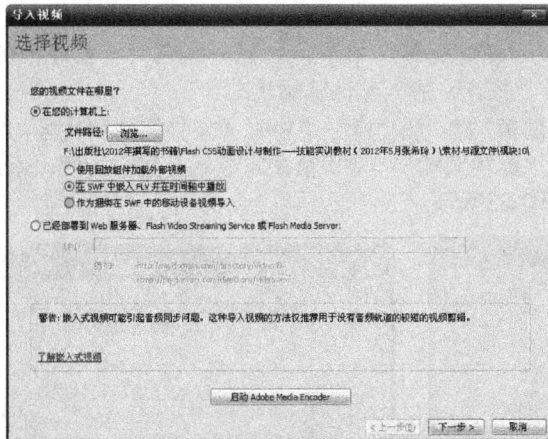

图10-18 "选择视频"对话框

Step **06** 单击"下一步"按钮,弹出"嵌入"对话框,在该对话框的"符号类型"下拉列表中选择"嵌入的视频"选项,并选中"将实例放置在舞台上"复选框,如图10-19所示。

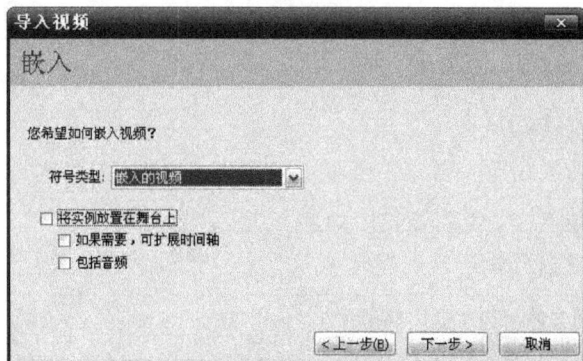

图10-19 "嵌入"对话框

Step **07** 单击"下一步"按钮,弹出"完成视频导入"对话框,如图10-20所示。单击"完成"按钮,即可完成视频的导入(视频文件导入到"库"面板中)。

Step **08** 打开"库"面板,在该面板中可以看到"纯雪花.flv"视频文件,如图10-21所示。

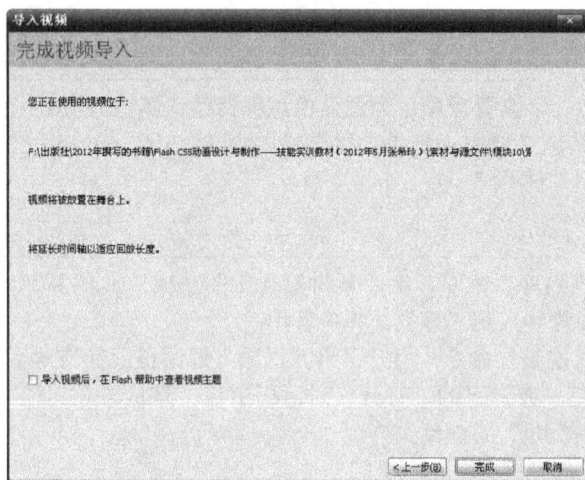

图10-20 "完成视频导入"对话框

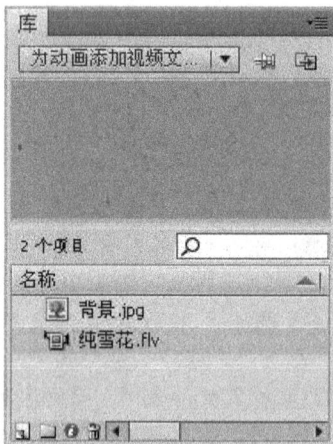

图10-21 "库"面板

## 创建影片剪辑元件

Step **09** 选择"插入">"新建元件"命令,创建一个名为"雪花"的影片剪辑元件,如图10-22所示。单击"确定"按钮,进入元件编辑状态。

Step **10** 选中"图层1"的第1帧,从"库"中将视频文件拖到编辑区,此时弹出一个"为介质添加帧"对话框,提示"此视频需要有240帧才能显示其整个长度。所选时间轴跨度……自动插入所需帧数",如图10-23所示。

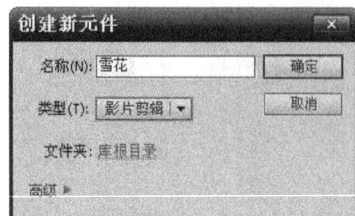

图10-22 创建新元件

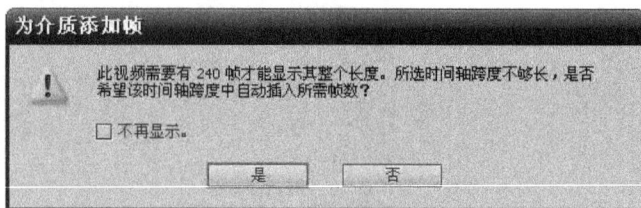

图10-23 "为介质添加帧"提示对话框

Step **11** 单击"是"按钮，完成"雪花"元件的制作，如图10-24所示。

Step **12** 选择"插入">"新建元件"命令，创建一个名为"界面"的影片剪辑元件，单击"确定"按钮，进入元件编辑状态。将"图层1"更名为"背景"，选中"背景"图层的第1帧，打开"库"面板，从中将名为"背景"的图片拖放到编辑区，修改图片尺寸与舞台尺寸相同，并利用"对齐"面板使图片相对于编辑区居中对齐，如图10-25所示，将"背景"图层锁定。

图10-24 "雪花"元件

图10-25 "界面"元件

Step **13** 单击"新建图层"按钮，插入一个新图层，并将新图层更名为"雪花"。选中第1帧，将名为"雪花"的影片剪辑元件拖放到编辑区，选中该元件，调整其尺寸与舞台相同，并利用"对齐"面板使其相对于舞台居中对齐，如图10-26所示。

图10-26 场景

### 组织场景

Step **14** 按Ctrl+E组合键，返回主场景。选中"图层1"的第1帧，将"库"中名为"界面"的影片剪辑元件拖放到舞台中，利用"对齐"面板使其相对于舞台居中对齐。

Step **15** 制作结束后，保存文件，按Ctrl+Enter组合键，输出并浏览动画效果。

## 任务四 利用组件制作万年历

### 🎫 任务背景

通过组件制作一个万年历，效果如图10-27所示。

### 🎫 任务要求

通过本任务的学习，使读者懂得如何使用组件、组件的参数如何设置等操作。

### 🎫 任务分析

为动画添加组件并修改组件参数。

图10-27 万年历效果

### 🍂 重点、难点

① 熟练掌握添加组件的方法。

② 为组件设置参数。

【技术要领】添加组件；设置组件参数。

【解决问题】组件的应用。

【素材来源】光盘\素材与源文件\模块10\任务4\利用组件制作万年历.swf、背景.jpg。

【视频教程】光盘\视频教程\模块10\利用组件制作万年历.avi。

## 操作步骤详解

### 创建文档

Step 01 启动Flash CS5，创建一个新文档，保持默认属性选项。

Step 02 选择"文件">"保存"命令，将新文档保存到"素材与源文件\模块10\任务4"文件夹下，并为文档命名为"利用组件制作万年历.fla"。

### 编辑背景

Step 03 选择"文件">"导入">"导入到舞台"命令，从"素材与源文件\模块10\任务4"文件夹下导入一张名为"背景"的图片。选中该图片，设置尺寸与舞台相同，并且利用"对齐"面板使其相对于舞台居中对齐，如图10-28（左图）所示。

Step 04 单击"新建图层"按钮，添加"图层2"。选择文本工具，在"属性"面板中设置字体、颜色和字号，拖动鼠标，在文本框中输入"万年历"3个文字，并为文字添加滤镜效果，如图10-28（右图）所示。

图10-28 导入背景图片并添加文字

Step **05** 单击"新建图层"按钮，添加"图层3"。选中第1帧，选择"窗口">"组件"命令，打开"组件"面板，单击展开User Interface选项，从中将DateChooser组件拖到舞台上，在"属性"面板中修改其尺寸和位置，如图10-29（左图）所示。

Step **06** 选中DateChooser组件，打开"属性"面板，如图10-29（右图）所示。

图10-29 DateChooser组件和"属性"面板

Step **07** 选中dayNames项并单击，即可打开"值"对话框。在该对话框中将英文的星期数值修改为中文的星期数值，如图10-30（左图）所示，设置结束后单击"确定"按钮。

Step **08** 选中monthNames项并单击，即可打开"值"对话框。在该对话框中将英文的月份数值修改为中文月份数值，如图10-30（右图）所示，设置结束后单击"确定"按钮。其他各项参数保持默认，"属性"面板如图10-31所示。

图10-30 修改参数值

图10-31 "属性"面板中组件参数

Step **09** 制作结束后，保存文件。按Ctrl+Enter组合键，输出动画并用鼠标单击动画中的左右箭头，即可查看某年某月某日。

# 知识点拓展

## ❶ 音频文件的格式

从声音的信息量来看，16位的声音信息比8位的声音信息大一倍，但实际的应用效果不一样，因为声音信息最终会以一定的格式保存，而声音的格式对声音的品质及声音文件的大小影响很大。声音的格式大致可分为以下两种。

- 无损压缩格式：声音的所有信息被完整地保存，所以保存的声音文件很大，此时的16位声音文件会比8位声音文件大一倍。这种格式的代表是微软公司的WAV格式和苹果公司的AIF格式。

- 有损压缩格式：必须通过压缩编码的压缩格式，如MP3、RM格式等。由于声音信息是经过编码的，所以保存下来的声音文件比较小，但对于16位和8位声音来说，8位声音保存下来的声音文件不一定比16位小。大部分的压缩编码并不支持8位声音，所以16位和8位声音保存下来的声音文件是一样大的，如MP3格式文件。

## ❷ Flash CS5最先支持的音频格式

Flash CS5最先支持的音频文件格式是WAV和MP3，在动画中主要被背景音乐、配乐、事件声音等使用。

- WAV：WAV格式的音频文件直接保存对声音波形的采样数据，由于数据没有经过压缩，在保证上好音质的同时，其致命的缺点就是文件过大，占用磁盘空间也就很大。
- MP3：MP3格式是数字音频格式。它是一种破坏式的压缩格式，但由于其取样与编码技术优异，其音质可以和CD媲美。MP3的体积小，其存储容量只有WAV格式的1/10，再加上它传输方便、拥有很好的声音质量，因此，目前电脑音乐中大多数是以MP3格式输出的，是Flash CS5中默认的音频输出格式。

## ❸ 声音的属性设置

在Flash CS5中，不但可以使动画和音频文件同步播放，也可以使声音独立于时间轴连续播放。为了使播放的音频文件听起来更加自然，还可以制作出声音的淡入淡出效果。当添加了音频文件后，即可在"属性"面板中设置该文件的属性。

### （1）设置声音的效果

通过对声音效果的设置，可将同一声音制作出多种效果，可以让声音发生变化、让左、右声道产生各种不同的变化。将声音添加到文档后，打开"效果"下拉列表，其中包含8个选项，如图10-32所示。其中各项功能如下。

- 无：不使用任何声音特效。选择此项，也可删除以前应用过的效果。
- 左声道：只在左声道播放声音。
- 右声道：只在右声道播放声音。
- 向右淡出：将声音从左声道转移到右声道，逐渐减小幅度。
- 向左淡出：将声音从右声道转移到左声道，逐渐减小幅度。
- 淡入：在声音播放过程中，音量由小逐渐变大，通常称为淡入效果。
- 淡出：在声音播放过程中，音量由大逐渐变小，通常称为淡出效果。
- 自定义：允许用户自定义声音效果，选择此项，可以打开"编辑封套"对话框编辑声音。

### （2）设置声音同步的方式

（a）声音同步方式：打开"同步"下拉列表，其中包含4个选项，如图10-33所示。

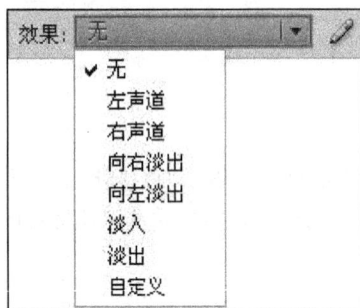

图10-32 "效果"下拉列表（1）　　　　　图10-33 "同步"下拉列表

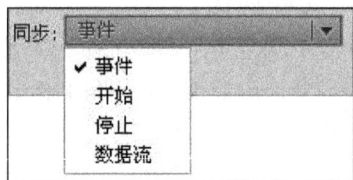

- 事件：该选项为事件声音。事件声音将从加入该声音的关键帧开始，独立于时间轴进行播放。如果事件声音长于影片声音，即使影片放完，也会继续播放。事件声音适用于背景音乐和其他不需要同步声音的场合。
- 开始：该选项类似于事件声音，如果声音已经在播放，选择"开始"选项将重新开始播放。该选项用于处理按钮实例较长的声音。
- 停止：该选项和"开始"选项类似，只有在激活的时候，声音才停止播放。
- 数据流：数据流声音类似于传统视频编辑软件中的声音，其本质上是锁定到时间轴上，强制声音和动画保持一致，这种声音将播放到包含数据流声音的最后一帧为止。

**提 示**

在制作MTV时，要选择"同步"下拉列表中的"数据流"选项。

（b）声音播放模式：在设置了声音同步方式后，还可以选择后面下拉列表中的选项来控制声音的播放模式，其中有两个选项，如图10-34所示。

- 重复：控制导入的声音文件的播放次数。在其右侧的数值框中可以输入重复播放的次数。
- 循环：用于让声音文件一直不停地循环播放。

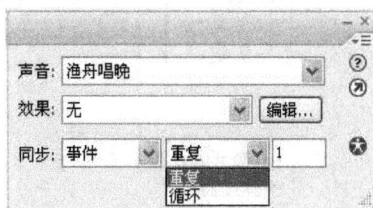

图10-34 播放模式

## ❹ 编辑音频文件

在声音被导入以后，可以对其进行编辑，如改变音频播放和停止的位置、删除不必要的部分，从而缩小文件等。编辑音频文件的步骤如下。

（a）选中需要编辑的音频文件，单击"属性"面板中的"编辑声音封套"按钮✎，弹出"编辑封套"对话框，如图10-35所示。

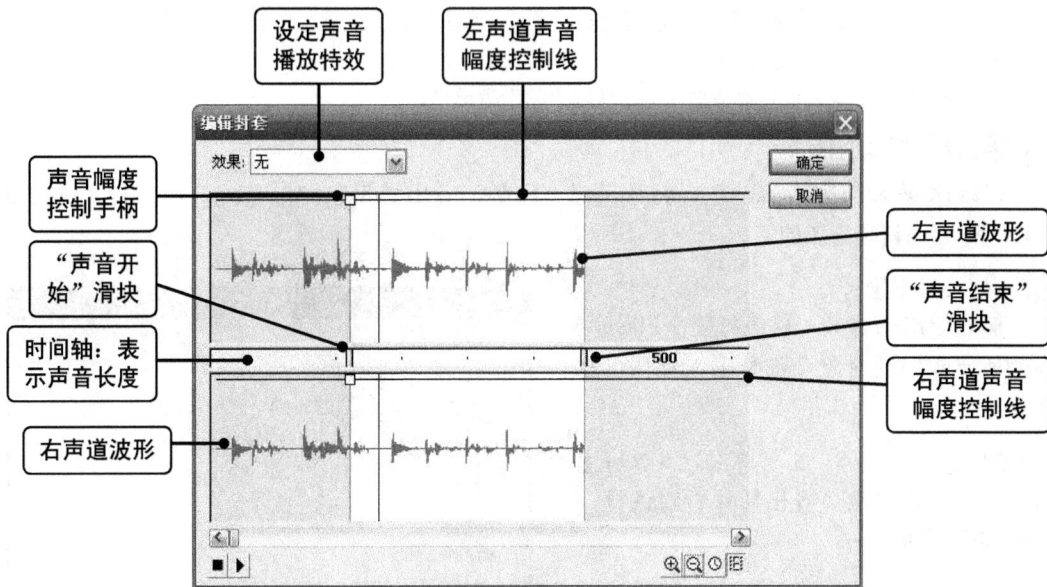

图10-35 "编辑封套"对话框

（b）在对话框左上角的"效果"下拉列表中，可以设置声音播放的特效，如图10-36所示。此"效果"项目与"属性"面板中的"效果"项相同，在此就不再赘述。

（c）调整上下两条声音幅度控制线，可控制声音的播放音量。向下拖动该控制线，表示音量减小；向上拖动该控制线，表示音量加大。

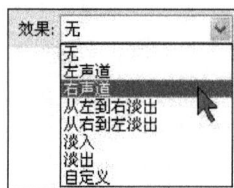
图10-36 "效果"下拉列表（二）

（d）在对话框中拖动滚动条，可以设置播放的起始位置和结束位置。调整后，将对高亮度区的声音进行播放，如图10-37所示。

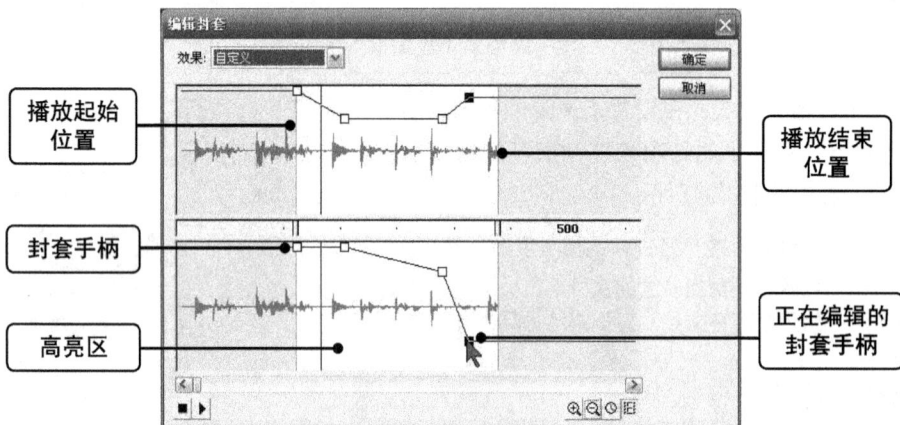
图10-37 设置声音播放的起始点和封套手柄

（e）在左、右声道声音幅度控制线上单击，即可添加封套手柄，正在编辑的封套手柄是以实心显示的。其他按钮的作用如下。

- 停止和播放■▶：控制编辑中的声音文件"停止"或"播放"。
- 放大和缩小：对"预览"窗口的部分进行"放大"或"缩小"显示。
- 以秒为单位：设置对话框中的声音以"秒"为单位。
- 以帧为单位：设置对话框中的声音以"帧"为单位。

## ❺ 导出Flash动画

Flash影片制作完毕后，就可将其导出。动画的导出通常分为两种方式，一种是导出影片，另一种则是导出图像。

### （1）导出影片

影片导出的含义，就是将整个Flash动画的所有帧中的对象全部导出，具体步骤如下。

Step **01** 选择"文件">"导出">"导出影片"命令，弹出"导出影片"对话框，如图10-38所示。

图10-38 "导出影片"对话框

**Step 02** 在弹出的"导出影片"对话框中单击"保存类型"右侧下拉按钮，在下拉列表中选择其中一种文件保存类型，单击"保存"按钮，即可导出影片，如图10-39所示。

（2）导出图像

导出图像就是将Flash动画中播放头所在帧的对象进行导出。其操作步骤基本与导出影片相似，具体如下。

**Step 01** 选择"文件"＞"导出"＞"导出图像"命令，弹出"导出图像"对话框。

**Step 02** 在"导出图像"对话框中选择要保存图像的格式，如"GIF图像（*.gif）"，确定保存位置和文件名称后，单击"保存"按钮，弹出"导出GIF"对话框，如图10-40所示。

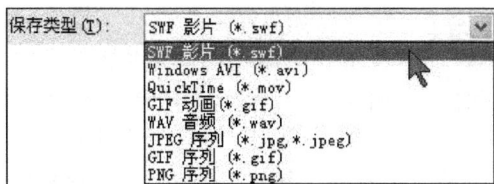

图10-39 选择保存文件的类型

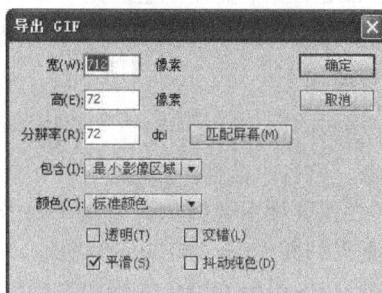

图10-40 "导出GIF"对话框

**Step 03** 单击"确定"按钮，即可进行图像的导出。

## 6 输出Flash动画

用Flash CS5制作的动画是FLA格式的，因此在动画制作完成后，需要将FLA格式的文件发布成扩展名为.swf的文件，才能应用于网页播放。在默认的状态下，选择"文件"＞"发布"命令，即可创建SWF文件。另外，在动画制作结束后，按Ctrl+Enter组合键，即可输出动画。

除此之外，Flash CS5还提供了其他多种发布格式，具体的有HTML、GIF、JPEG、PNG、Windows可执行文件、Macintosh可执行文件、QuickTime动画文件等，选择"文件"＞"发布预览"命令，在级联菜单中用户可根据需要选择发布格式并设置其发布参数。

## 7 动画的优化

动画制作完成后，即可将动画发布。在动画发布或导出之前，可以通过多种方法来减少文件的大小，从而对其进行优化，这一步的处理决定了动画在互联网中播放的质量和下载的速度。采取以下的方法，可以使动画文件的大小得到进一步的减小。

（a）将动画中相同的对象转换为元件，保存一次，可重复使用，减少了动画的数据量。

（b）减少逐帧动画的使用，尽可能地使用补间动画，因为补间动画中间过渡帧是由系统计算生成的。

（c）限制使用一些特殊的线条类型，例如虚线、点线等，实线所占用的资源少，而且用"铅笔工具"绘制的线条占用的内存要比用"刷子工具"绘制的线条少。

（d）由于位图比矢量图的体积大很多，因此在调用素材时尽量使用矢量图，减少使用位图或不用位图。

（e）如果应用音频，尽量使用压缩效果最好的MP3文件格式。

（f）尽量使用组合元素，使用层来组织不同时间、不同元素的对象。

（g）使用文本时尽量不要运用太多种类的字体和样式，因为使用过多的字体和样式也会增加文件的大小。

（h）减少使用渐变色和Alpha透明度等行为。

# ❽ 组件

User Interface组件是应用最广、最常用的组件，下面就对其常用组件的使用和参数设置进行简单介绍。

（1）按钮组件（Button）

在Flash CS5中的按钮组件是一个可使用自定义图标来定义其大小的按钮。该组件可以执行鼠标和键盘的交互事件，还可以将按钮的行为从"按下"改为"切换"。使用按钮组件的具体操作步骤如下。

**Step 01** 运行Flash CS5，创建一个新文件。选择"窗口"＞"组件"命令，打开"组件"面板。

**Step 02** 在该面板中选择User Interface文件夹中的Button组件，并将其拖曳到舞台中，如图10-41所示。

图10-41 按钮组件

**Step 03** 选中Button组件，选择"窗口"＞"属性"命令，打开"属性"面板。在该面板中设置外观和数据参数，如图10-42所示。在"属性"面板中还可以设置以下参数。

- icon：为按钮添加自定义图标。该值是库中影片剪辑元件或图形元件的链接标识符，没有默认值。
- label：设置按钮上的标签名，默认值为Button。
- labelPlacement：确定按钮上的标签文本，相当于图标的方向。该参数可以为left、right、top或bottom这4个值之一，默认值为right。
- selected：设置默认是否选中，当toggle参数的值为true，该参数指定按钮是处于按下状态（true）还是释放状态（false），默认值为false。
- toggle：将按钮转换为切换开关。如果值是true，则按钮在单击后保持按下状态，并在再次单击时返回弹起状态；如果值是false，则按钮行为与一般按钮相同，默认值为false。
- enabled：指示组件是否可以接受焦点和输入，默认值为true。
- visible：指示对象是否可见，默认值为true。
- minHeight：用来确定按钮的最小高度值。
- minWidth：用来确定按钮的最小宽度值。

图10-42 "属性"面板

**Step 04** 选中舞台中的按钮元件，选中任意变形工具，修改按钮的形状，并在"属性"面板中的label项后的文本框中输入"播放"两字，如图10-43所示。

图10-43 修改标签名

**Step 05** 选中"文件"＞"导入"＞"导入到库"命令，由"素材与源文件\模块10\素材"文件夹下导入名为"图标1"的图片，打开"库"面板，将图片拖放到舞台。选中图片，选择"修改"＞"转换为元件"命令，将图片转换成名为icon的影片剪辑元件，如图10-44所示。

图10-44 转换为影片剪辑元件

**Step 06** 在该对话框中单击"高级"按钮，打开"高级"界面，选中"链接"选项组中的"为ActionScript导出"复选框，如图10-45所示。单击"确定"按钮，将舞台中的按钮元件删除。

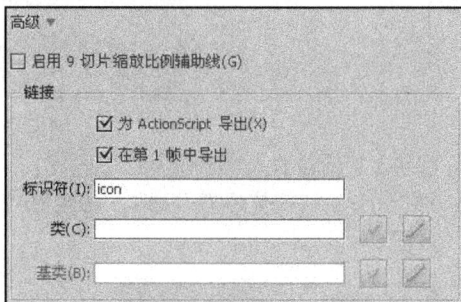

图10-45 设置链接选项

**Step 07** 选择舞台中的"播放"按钮，打开"属性"面板，在组件参数icon后的文本框中输入影片剪辑元件的名称icon，在labelPlacement下拉列表中选择left，如图10-46（左图）所示。此时，在"播放"按钮文字的右侧出现一个灰色小矩形，如图10-46（右图）所示。

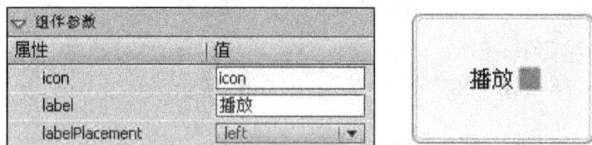

图10-46 为按钮设置参数

**Step 08** 制作结束后，按Ctrl+Enter组合键，测试按钮效果，如图10-47所示。

图10-47 测试按钮效果

### （2）复选框组件（CheckBox）

复选框是一个可以选中或取消选中的方框。复选框是表单或Web应用程序中的一个基础部分，当需要收集一组非相互排斥的选项时，都可以使用复选框。使用复选框组件的具体操作步骤如下。

**Step 01** 运行Flash CS5，创建一个新文件。选择"窗口">"组件"命令，双击该面板中的User Interface文件夹，在其中选择CheckBox组件，并拖曳3个组件到舞台中，如图10-48所示。

**Step 02** 选中Button组件，选择"窗口">"属性"命令，打开"属性"面板，在该面板中设置参数，如图10-49所示。在"属性"面板中可以设置以下参数。

- label：设置复选框的标签名，默认值为CheckBox。

- labelPlacement：确定复选框上标签文本出现在复选框的什么位置。该参数可以是left、right、top或bottom这4个值之一，默认值是right。
- selected：默认情况下，此值是false，表示复选框未被选中；若设置为true，则表示复选框在初始状态下是被选中的。

图10-48 组件

图10-49 设置组件参数

Step **03** 在"属性"面板中分别将3个label的内容修改为"原创"、"翻唱"和"伴奏"，勾选selected复选框，再将3个labelPlacement的值设置为left，如图10-50（左图）所示，最终设置参数以后的组件如图10-50（右图）所示。

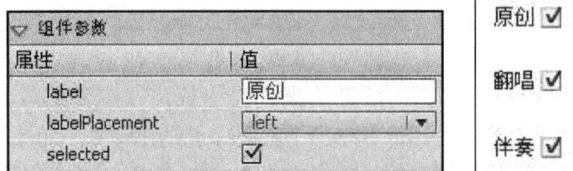

图10-50 修改参数后的组件

Step **04** 制作结束后，按Ctrl+Enter组合键，测试效果，当同时选中了"原创"和"伴奏"两个复选框时的效果如图10-51所示。

**（3）单选按钮组件（RadioButton）**

单选按钮组件允许在相互排斥的选项之间进行选择，与复选框的差异在于它必须设置群组（Group），同一群组的单选按钮不能复选。使用单选按钮组件的具体操作步骤如下。

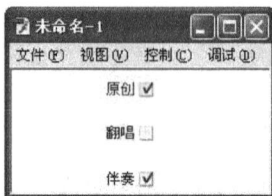

图10-51 测试复选框效果

Step **01** 运行Flash CS5，创建一个新文件。选择"窗口"＞"组件"命令，打开"组件"面板。

Step **02** 双击该面板中的User Interface文件夹，在其中选择RadioButton组件，并拖曳3个组件到舞台中，如图10-52所示。

Step **03** 选中该组件，选择"窗口"＞"属性"命令，打开"属性"面板，在该面板中设置参数，如图10-53所示。在"属性"面板中可以设置以下参数。

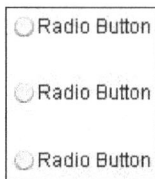

图10-52 单选按钮组件

- data：选择该单选按钮后，会返回给Flash值，ActionScript也可以用这一点来判断用户选择了哪一个按钮。
- groupName：设置单选按钮的组名称，同一组内的单选按钮只能选择其一，默认值为radioGroup。
- label：设置单选按钮旁的文本标签，主要是显示给用户看的，默认值为Radio Button。

- labelPlacement：确定单选按钮的标签放置方向。该参数可以是left、right、top 或 bottom这4个值之一，默认值为right。
- selected：指示单选按钮初始是处于选中状态（true）还是取消状态（false），默认值为false，被选中的单选按钮中会显示一个圆点。

**Step 04** 选中第一个单选按钮，设置label（标签）为"负"。groupName（组名）为ss、data（数据）为-1、selected（初始值）为false，默认labelPlacement值，如图10-54所示。

图10-53 组件参数

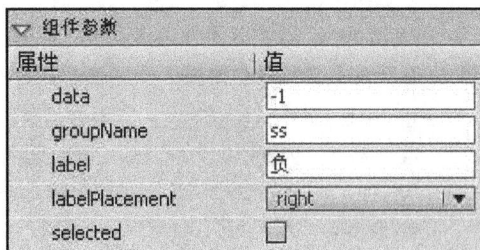

图10-54 设置参数

**Step 05** 用同样的方法，设置另外两个单选按钮的label为"零"和"正"、data为0和1、groupName为ss。设置结束后，舞台中的单选按钮如图10-55所示。

**Step 06** 制作结束后，按Ctrl+Enter组合键，测试效果，如图10-56所示。

图10-55 设置参数后的按钮

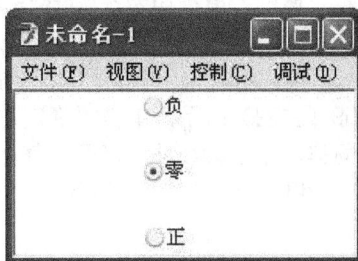

图10-56 测试单选按钮效果

### （4）下拉列表组件（ComboBox）

下拉列表组件允许从上下滚动的列表中选择一个选项。例如，可在用户地址表单中提供一个"省"下拉列表。ComboBox可以是静态的，也可以是可编辑的。可编辑的ComboBox中，允许用户在列表顶端的文本字段中直接输入文本；静态ComboBox，按钮和文本框一起组成点击区域，点击区通过打开或关闭下拉列表来做响应。使用ComboBox组件的具体操作步骤如下。

**Step 01** 运行Flash CS5，创建一个新文件。选择"窗口" > "组件"命令，打开"组件"面板。

**Step 02** 双击该面板中的User Interface文件夹，在其中选择ComboBox组件，并将其拖到舞台中，如图10-57所示。

图10-57 下拉列表组件

**Step 03** 选中组件，选择"窗口">"属性"命令，打开"属性"面板，在该面板中设置参数，如图10-58所示。在"属性"面板中可以设置以下参数。

- data：可以在该选项中输入数据，用以对应labels参数中的实际数据值。
- editable：确定该组件内容是否可以编辑。若选择true，则表示该组件允许被编辑；若选择false，则表示该组件只能被选择而不能被编辑，默认值为false。
- labels：用来输入下拉列表框的显示内容。单击其后的编辑按钮，将弹出"值"对话框。
- rowCount：设置在不使用滚动条时，列表框中可以显示的最大行数。如果下拉列表框中的项数超过该

图10-58 组件参数

值，则会调整列表框的大小，并在必要时显示滚动条；如果下拉列表框中的项数小于该值，则会调整下拉列表框的大小以适应其包含的项目数，默认值为5。
- restrict：可在组合框的文本字段中输入字符集。
- enabled：设置下拉列表框是否可编辑，勾选该项为可编辑。
- visible：表示对象是否可见。选中visible单选按钮，表示对象是可见的；否则，表示对象是不可见的。
- minHeight：用来确定下拉列表框的最小高度值。
- minWidth：用来确定下拉列表框的最小宽度值。

**Step 04** 在"属性"面板中勾选editable单选按钮，将其设置为可编辑状态，并单击labels项打开"值"对话框，在该对话框中单击"添加"按钮，添加文本标签，在标签中分别输入"乌鲁木齐"、"喀纳斯"、"喀什"、"吐鲁番"、"天池"、"江布拉克"和"赛里木湖"，如图10-59（左图）所示，单击"确定"按钮。

**Step 05** 同样，单击data项，打开"值"对话框并添加文本标签，在标签中分别输入"d1"、"d2"、"d3"、"d4"、"d5"、"d6"和"d7"，如图10-59（右图）所示，单击"确定"按钮。

图10-59 输入标签和数据项

**Step 06** 设置结束后，"属性"面板如图10-60所示。按Ctrl+Enter组合键，测试效果，如图10-61所示。

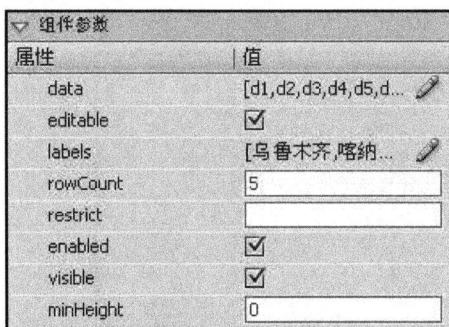
图10-60 设置参数

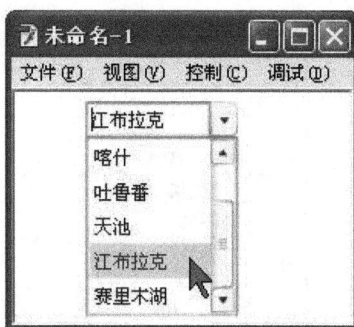
图10-61 测试下拉列表效果

（5）列表框组件（List）

列表框组件用来在Flash影片中添加带滚动条的列表菜单，它允许从一个可滚动的列表中选择一个或多个选项，与下拉列表组件有相似的功能和用法。使用列表框组件的操作步骤如下。

图10-62 列表框组件

**Step 01** 运行Flash CS5，创建一个新文件。选择"窗口" > "组件"命令，打开"组件"面板。

**Step 02** 双击该面板中的User Interface文件夹，在其中选择List组件，并将其拖到舞台中，如图10-62所示。

**Step 03** 选中组件，选择"窗口" > "属性"命令，打开"属性"面板，在该面板中设置参数，如图10-63所示。在"属性"面板中可以设置以下参数（data和labels项的含义与ComboBox组件的相同，不再赘述）。

图10-63 组件参数

- multipleSelection：用来设置是否可在列表框中选择多个选项。选中复选框表示允许选择多个选项，在使用中按住Ctrl键配合鼠标操作就能选择多个项；否则，表示不允许多重选择。
- rowHeight：指定每行的高度，以"像素"为单位，默认值是20。设置字体不会更改行的高度。

**Step 04** 双击labels项，弹出"值"对话框，在该对话框中单击"添加"按钮，添加文本标签，在标签中分别输入"原创歌曲"、"翻唱歌曲"、"伴奏"和"视频"，如图10-64（左图）所示。

**Step 05** 双击data项，添加文本标签，并在其中输入"s1"、"s2"、"s3"和"s4"，如图10-64（右图）所示，单击"确定"按钮。

图10-64 输入标签和数据项

**Step 06** 选中multipleSelection复选框，"属性"面板如图10-65所示。制作结束后，按Ctrl+Enter组合键，测试效果，发现同时选中两个选项，如图10-66所示。

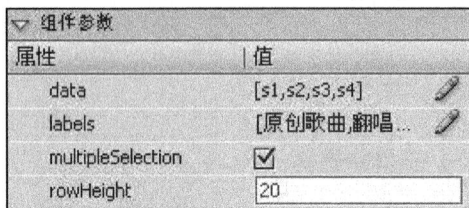

图10-65 设置参数

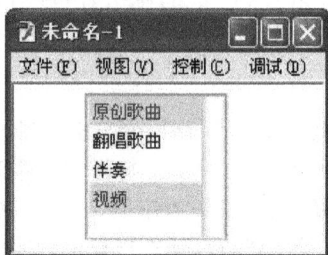

图10-66 测试列表框效果

### （6）日期选择组件（DateChooser）

日期选择组件是一种允许用户选择日期的日历。它包含一些按钮，允许用户在月份之间来回滚动并单击某个日期将其选中，可以设置指示月份和日名称、星期的第一天和任何禁用日期及加亮显示当前日期的参数，如图10-67所示。在"属性"面板中可以对以下参数进行设置（minHeight和minWidth的含义与前边所述的相同，不再赘述），如图10-68所示。

图10-67 日期选择组件

图10-68 组件参数

- dayNames：设置一星期中各天的名称。该值是一个数组，其默认值为 [S, M, T, W, T, F, S]。
- disabledDays：指示一星期中禁用的各天。该参数是一个数组，并且最多具有7个值。默认值为 [ ]（空数组）。

- firstDayOfWeek：指示一星期中的哪一天（其值为0～6，0是dayNames数组的第一个元素）显示在日期选择器的第一列中。此属性更改"日"列的显示顺序。
- monthNames：设置在日历的标题行中显示的月份名称。该值是一个数组，其默认值为[January, February, March, April, May, June, July, August, September, October, November, December]。
- showToday：指示是否要加亮显示今天的日期，默认值为true。
- visible：表示对象是否可见。勾选visible，表示对象是可见（true）；否则，表示对象是不可见的，默认值为true。

# 独立实践任务

## 任务五 ▶ 为按钮的两个帧添加声音

### 📚 任务背景

创建一个按钮元件，在按钮的"指针经过"帧和"按下"帧上添加声音，效果如图10-69所示。

图10-69 为按钮的两个帧添加声音效果

### 📚 任务要求

首先创建按钮元件，在4个帧上绘制两种颜色的按钮，插入新图层，在新图层中的对应帧上添加声音文件。

【技术要领】椭圆工具的使用；创建按钮元件；添加音频文件。

【解决问题】为按钮添加音频文件。

【素材来源】光盘\素材与源文件\模块10\任务5\为按钮的两个帧添加声音.swf、声音1.wav、声音2.wav。

### 📚 任务分析

_____

_____

_____

_____

_____

_____

_____

_____

_____

_____

- - - - - - - - - - - - - - - - - - - - - - - - - - - - - - - - - - - -

- - - - - - - - - - - - - - - - - - - - - - - - - - - - - - - - - - - -

- - - - - - - - - - - - - - - - - - - - - - - - - - - - - - - - - - - -

- - - - - - - - - - - - - - - - - - - - - - - - - - - - - - - - - - - -

- - - - - - - - - - - - - - - - - - - - - - - - - - - - - - - - - - - -

- - - - - - - - - - - - - - - - - - - - - - - - - - - - - - - - - - - -

- - - - - - - - - - - - - - - - - - - - - - - - - - - - - - - - - - - -

- - - - - - - - - - - - - - - - - - - - - - - - - - - - - - - - - - - -

- - - - - - - - - - - - - - - - - - - - - - - - - - - - - - - - - - - -

- - - - - - - - - - - - - - - - - - - - - - - - - - - - - - - - - - - -

- - - - - - - - - - - - - - - - - - - - - - - - - - - - - - - - - - - -

# 职业技能知识点考核

## 1. 多项选择题

（1）Flash中可以导入声音类型是（　　）和（　　）。

A. 数据流          B. 音频文件          C. 事件          D. 背景音乐

（2）Flash CS5对导入的视频格式有很高的要求，它支持的视频格式有（　　）和（　　）编码的视频。

A. WMV          B. FLV          C. F4V          D. AVI

## 2. 判断题

（1）导入视频后，可以对视频进行缩放、旋转、扭曲、遮罩等操作，以及Alpha通道将视频编码为透明背景的视频，并且可以通过脚本实现交互效果。（　　）

（2）Flash CS5最先支持的音频文件格式是WAV和MP3，在动画中主要被背景音乐、配乐、事件声音等使用。（　　）

（3）当组件被拖放到舞台后，"库"面板中即可出现该组件。它是以元件出现在"库"中的，而舞台中的组件则是元件实例。（　　）

# 模块

# 11

# 好用的动画周边软件

本模块主要介绍Swift 3D软件和闪客精灵软件的基础知识与使用方法。

## 能力目标

1. 能够利用Swish软件制作特定效果的文字、图像
2. 能够利用Swift 3D软件制作三维文字
3. 能够将生成的文件插入到作品中
4. 利用闪客精灵等反编译.swf文件

## 专业知识目标

1. 了解第三方软件对制作Flash软件的帮助，扩展学习空间
2. 了解一般片头动画的制作要求

## 课时安排

6课时（讲授2课时；实践4课时）

## 任务参考效果图

# 模拟制作任务

任务一 **利用Swift 3D软件制作文字旋转动画**

## 任务背景

Swift 3D是专业的矢量3D软件，它的出现弥补了Flash在3D方面的缺陷，并以娇小的身躯、强大的功能居于Flash第三方软件的首位。

Swift 3D能够方便地制作出简单三维效果的Flash动画，更在文字、材质、建模、渲染等方面有着独特的创建功能。

Flash软件制作动画缺少的特殊效果可以借助第三方软件来实现。如图11-1所示为利用Swift 3D软件制作的3D旋转字体。

图11-1 文字旋转动画效果

## 任务要求

① 了解Swift 3D软件制作动画的过程。

② 使用Swift 3D软件制作简单的3D动画效果。

## 任务分析

利用Swift 3D软件制作出美观、工整的三维效果旋转文字，而且制作出的3D文字更有质感。

## 重点、难点

① 为文字上色、调整大小。

② 制作3D文字。

【技术要领】文本工具，旋转工具的使用。
【解决问题】制作3D旋转文字。
【素材来源】光盘\素材与源文件\模块11\任务1\文字旋转动画.swf。
【视频教程】光盘\视频教程\模块11\文字旋转动画.avi。

## 操作步骤详解

### 创建文档

Step **01** 启动Swift 3D软件，如图11-2所示。

图11-2　启动Swift 3D软件

**Step 02** 进入Swift 3D的工作界面，如图11-3所示。

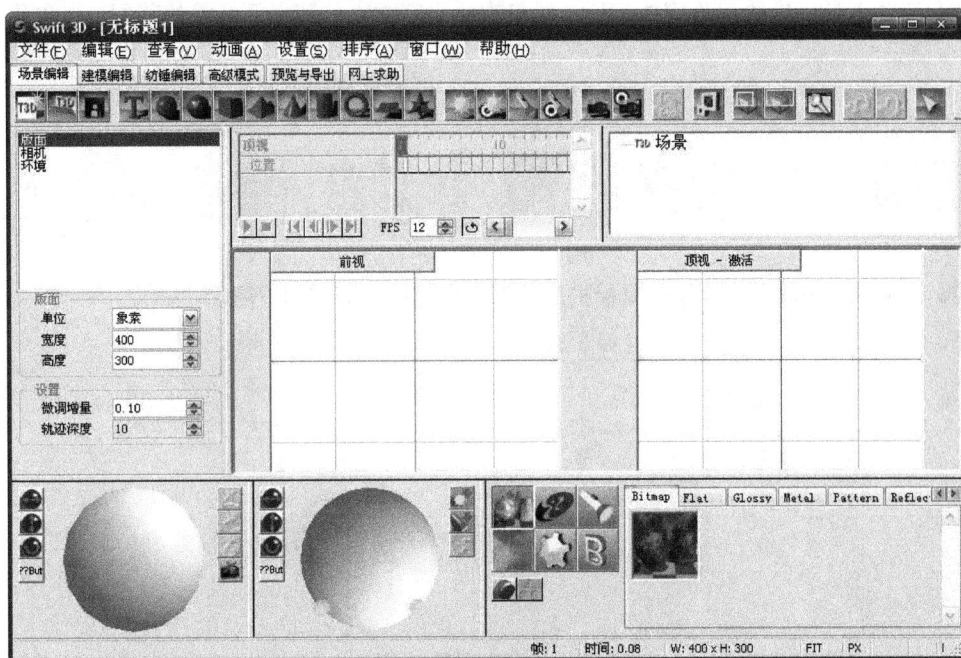

图11-3　Swift 3D的工作界面

## 建模

**Step 03** 切换到"场景编辑"选项卡后，单击文本工具，如图11-4所示。

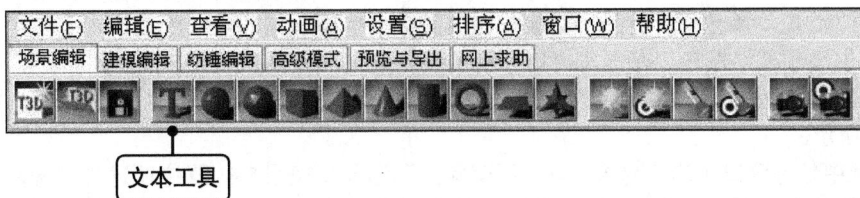

图11-4　"创建文本"按钮

Step **04** 在左边的文本窗口中输入"蝴蝶飞"3个字，选中文字，任意设置字体属性，在场景中出现了文本，如图11-5所示。

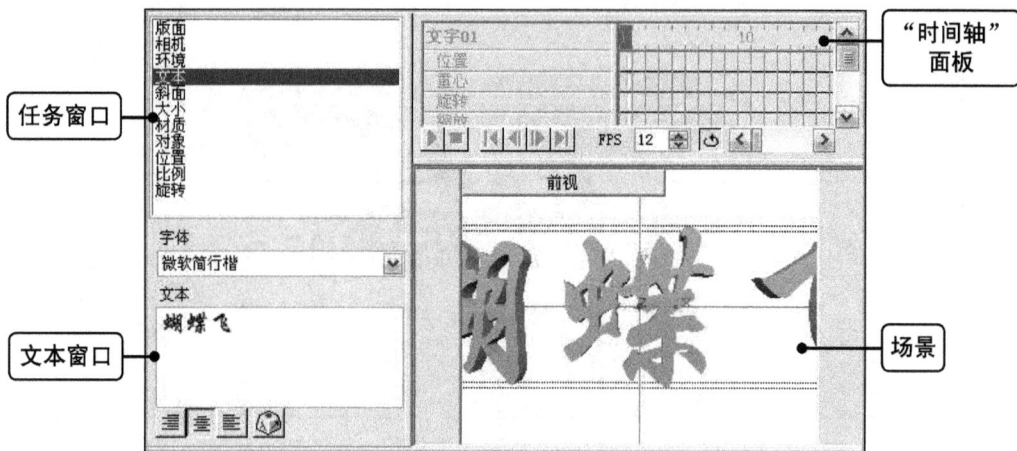

图11-5 创建文本

Step **05** 选择工具栏中的缩放模式工具（场景中的文字太大，超出了场景的范围），如图11-6所示。

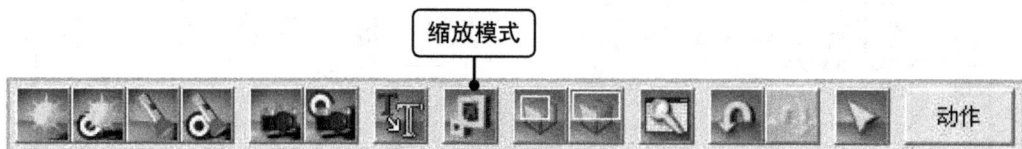

图11-6 工具栏（部分）

Step **06** 选中场景中的文字，按住鼠标拖动，将文字缩小，如图11-7所示。

图11-7 场景中被缩小的文本

## 上色

Step **07** 选中文本，选择任务窗口中的"材质">"所有表面"选项，双击窗口下方的材质预览图例，如图11-8（左图）所示，弹出"编辑材质"对话框。双击该对话框"颜色"选项组下方的颜色编辑条，弹出"拾色器"面板，在该面板中选择所需颜色（此处选择了红色），单击右侧的"生成预览"按钮，在预览窗口中观察整体效果，如图11-8（右图）所示。

Step **08** 确定颜色后，单击"确定"按钮，即可将所选颜色填充到场景中的文本表面，如图11-9（左图）所示。

Step **09** 选中任务窗口中的"材质">"所有侧面"选项，按照 Step **07** 中所述的方法，为文本的侧面填充新的颜色（此处将文本侧面颜色修改为蓝色），修改颜色后的文本如图11-9（右图）所示。

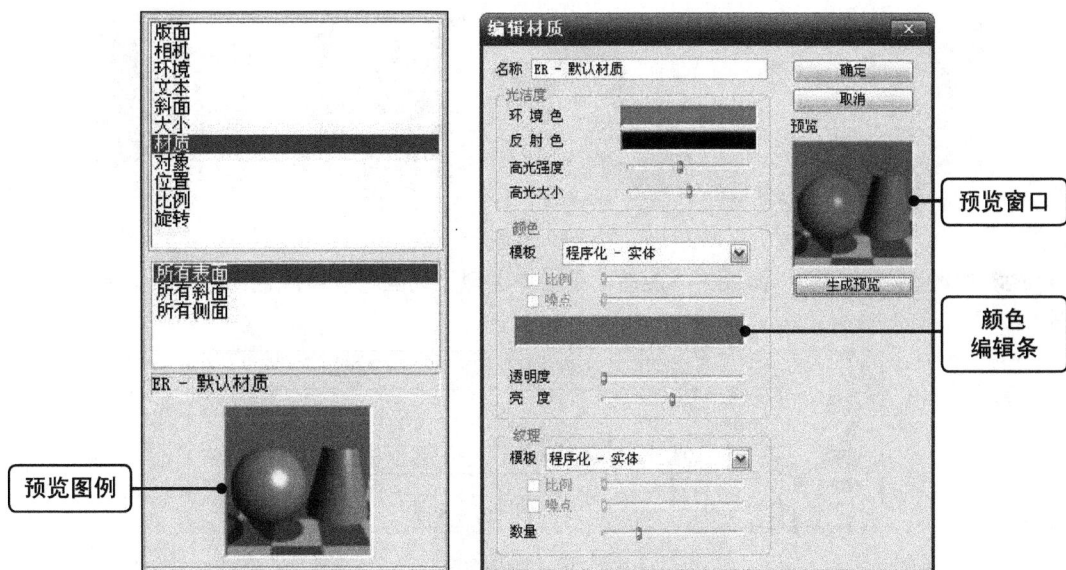

图11-8 编辑颜色

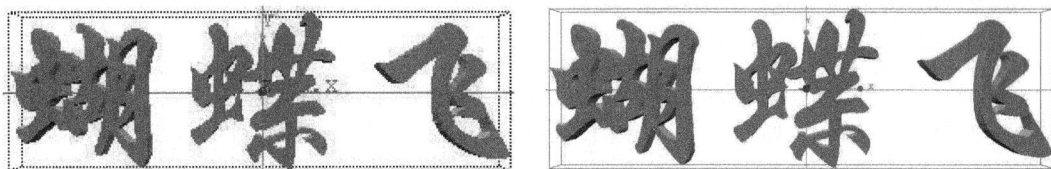

图11-9 修改文本颜色

## 制作动画效果

Step **10** 选中场景窗口中的文本，在左下角的旋转球上出现场景中的文字，在旋转球的左侧有3个按钮，它们分别是"水平锁定"按钮、"垂直锁定"按钮和"原地360°锁定"按钮，如图11-10所示。

Step **11** 单击工具栏中的"动作"按钮（按钮变换为红色），"时间轴"面板转变为可编辑状态（由灰色转换为黑色），用鼠标按住时间轴上的红色帧标记，将其拖放到第20帧，如图11-11所示。

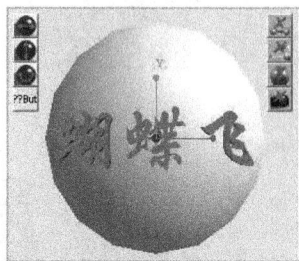

图11-10 旋转球

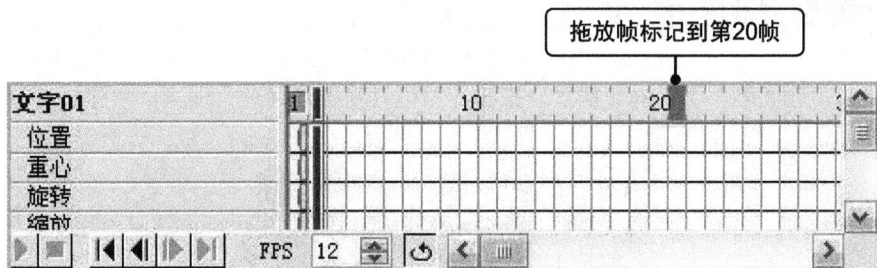

图11-11 "时间轴"面板（一）

Step **12** 单击旋转球左侧的"水平锁定"按钮后，用鼠标按住旋转球上的文本并拖动，将其旋转180°，如图11-12（左图）所示。此时，场景中的文本也被旋转了180°，如图11-12（右图）所示。

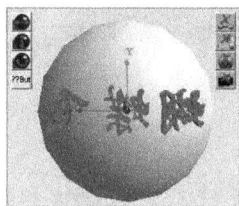

图11-12 旋转文本

Step **13** 此时在"时间轴"面板的"旋转"图层中创建了动画（有条绿色的带子），如图11-13所示。

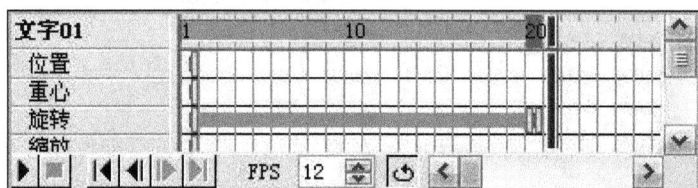

图11-13 创建的动画

**提 示**

> 除了创建"旋转"动画外，还可以对"位置"、"重心"、"缩放"等创建动画。

Step **14** 再按住时间轴上的帧标记，将其拖放到第40帧，然后用鼠标按住旋转球上的文本并拖动，将其再旋转180°，如图11-14（左图）所示；场景中的文本如图11-14（右图）所示。

图11-14 将文本再旋转180°效果

Step **15** 此时的"时间轴"面板如图11-15所示。

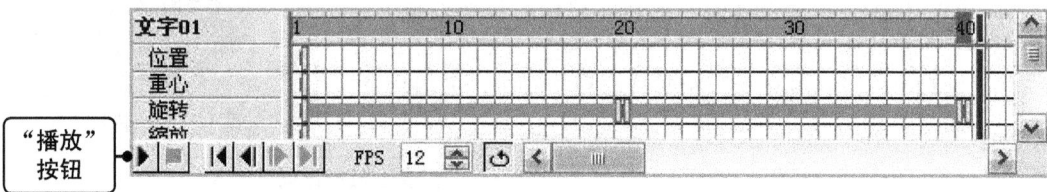

"播放"
按钮

图11-15 "时间轴"面板（二）

Step **16** 单击"时间轴"下方的"播放"按钮，即可对动画效果进行预览，如图11-16所示。

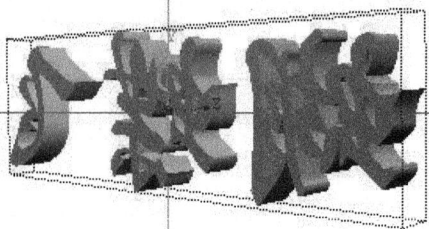

图11-16 预览动画效果

## 渲染输出

Step **17** 切换到"预览与导出"选项卡，在"目标文件类型"下拉列表中设置输出类型为Flash Player（SWF），如图11-17所示。

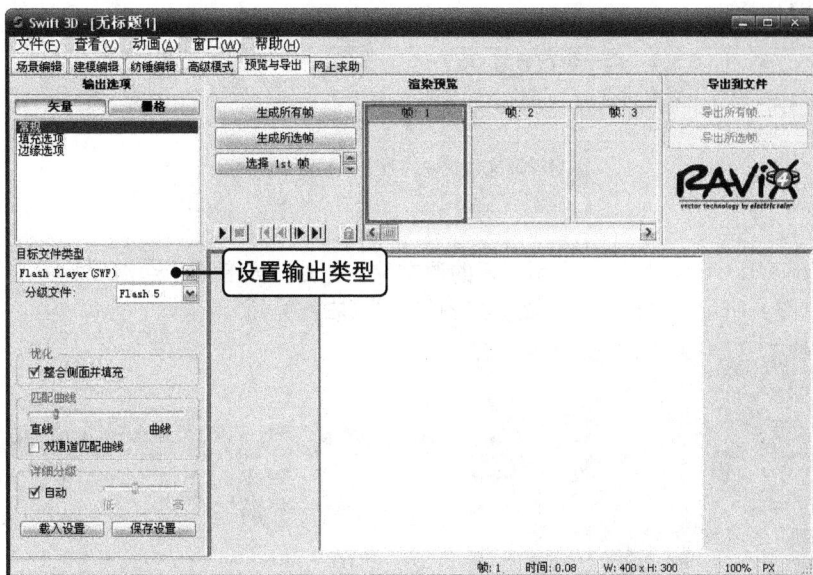

图11-17 设置输出类型

Step **18** 单击"渲染预览"窗口中的"生成所有帧"按钮，进行渲染，如图11-18所示。单击"播放"按钮，即可欣赏到动画效果。

图11-18 渲染

Step **19** 确认制作无误后，单击右侧的"导出所有帧"按钮，弹出"代出矢量图文件"对话框，将文件保存到"素材与源文件\模块11\任务1"文件夹下，并为文件命名为"文字旋转动画.swf"，如图11-19所示。单击"保存"按钮，将文件保存。

图11-19 保存文件

Step **20** 选择"文件">"另存为"命令，将源文件保存到和输出文件相同的文件夹内。

Step **21** 打开"素材与源文件\模块11\任务1"文件夹，从中可以看到保存的源文件和制作完成的输出文件，如图11-20所示。双击输出文件图标，即可利用Flash播放器观看动画，如图11-1所示的效果。

图11-20 文件夹中的源文件和输出文件

## 作品应用

Step **22** 运行Flash CS5，打开一个制作好的源文件，此处打开名为"泡泡"的源文件，舞台如图11-21（左图）所示，"时间轴"面板如图11-21（右图）所示。

图11-21 打开"泡泡"源文件

Step **23** 选择"文件">"导入">"导入到库"命令，在"素材与源文件\模块11\任务1"文件夹下，导入名为"文字旋转动画"的SWF文件。打开"库"面板，在"库"中可以看到新导入的文件，如图11-22所示。

Step **24** 在"库"面板中选中"文字旋转动画"元件，单击预览框右上角的播放按钮，即可进行播放。

Step **25** 单击"新建图层"按钮，插入"图层2"。选中"图层2"的第1帧，从"库"中将"文字旋转动画"元件拖到舞台并放在适当的位置上，利用任意变形工具调整其大小，如图11-23所示。

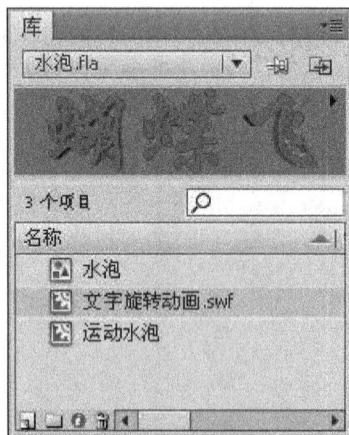

图11-22 "库"面板

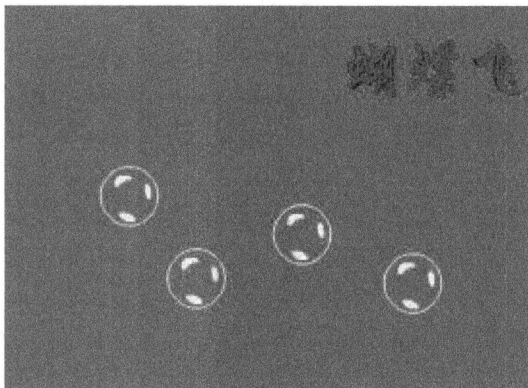

图11-23 将元件放入舞台

Step **26** 制作结束后的"时间轴"面板如图11-24所示，并将文件保存到"素材与源文件\模块11\任务1"文件夹下，并为文件命名为"泡泡-蝴蝶飞"，完成后的效果如图11-25所示。

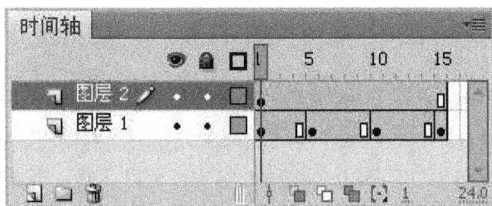

图11-24 "时间轴"面板（三）

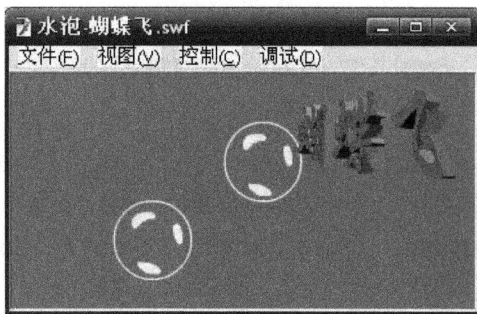

图11-28 完成后的效果

## 任务二 利用Sothink SWF Decompiler软件解析动画

### 任务背景

在学习和制作Flash动画的过程中，常常见到一些精美的作品，并且很想学会其中某些效果的制作方法，甚至借用其中的某些图像、声音等元件素材，这时我们就需要用到一款能够解析SWF动画文件的软件，Sothink SWF Decompiler闪客精灵就是其中一款。利用该软件即可将SWF文件解析为FLA文件。下面是一些Flash动画作品，如图11-26所示。

图11-26 Flash动画作品

### 任务要求

① 了解Sothink SWF Decompiler软件的特点。

② 使用Sothink SWF Decompiler解析SWF动画文件。

## 任务分析

Sothink SWF Decompiler反编译器可以轻松地将SWF文件转换为一个FLA文件，从而轻松地从中抽取几乎所有的组成元素。

## 重点、难点

Sothink SWF Decompiler是一款用于浏览和解析Flash动画（.swf文件和.exe文件）的工具。它能够将Flash动画中的图片、矢量图、字体、文字、按钮、影片片段、帧等基本元素完全分解，还能够对Flash影片动作（Action）进行解析，清楚地显示其动作的代码，让用户对Flash动画的构造一目了然。下面就利用Sothink SWF Decompiler软件解析一个Flash动画作品。

【技术要领】快速打开功能；导出FLA时的相关设置。
【解决问题】将SWF文件转换为一个FLA文件。
【素材来源】光盘\素材与源文件\模块11\任务2\贺卡.swf。

# 操作步骤详解

## 创建文档

Step **01** 启动Sothink SWF Decompiler软件，软件界面又分为许多个小面板，如图11-27所示。

图11-27 软件界面

Step **02** 单击左侧的"快速打开"按钮，弹出"打开"对话框，如图11-28（左图）所示。

Step **03** 找到所要打开的"贺卡.swf"文件，单击"打开"按钮，文件出现在播放器窗口中，如图11-28（右图）所示。

图11-28 打开文件

Step **04** 单击导出设置区域中"导出路径"右侧的文件夹按钮，在弹出的"浏览文件夹"对话框中选择要导出的目标文件夹，如图11-29所示。

Step **05** 单击"确定"按钮，目标地址出现在"导出路径"文本框中，勾选"导出FLA"复选框，此时"选项"按钮变换为可用状态，如图11-30所示。

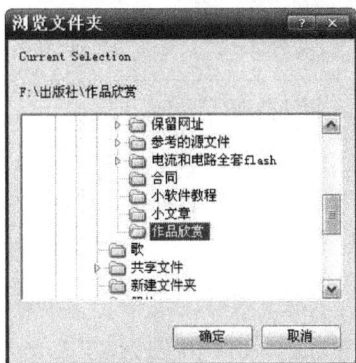

图11-29 "浏览文件夹"对话框

图11-30 导出文件设置

Step **06** 单击工具栏中的"导出为FLA"按钮，打开"导出FLA"对话框，根据所需进行设置，如图11-31（左图）所示。

Step **07** 单击"确定"按钮，弹出SWF Decompiler对话框。在该对话框中选中导出的版本（本机器没有安装低版本的Flash软件，因此选择了与CS5版本最接近的CS3版本），如图11-31（右图）所示。

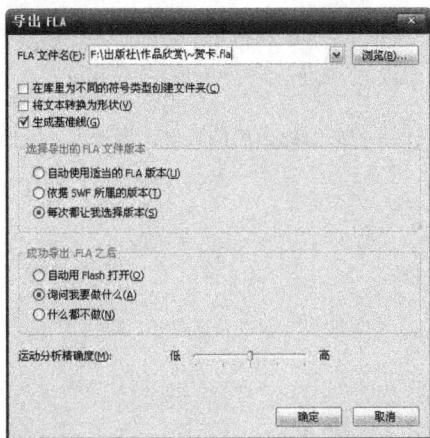

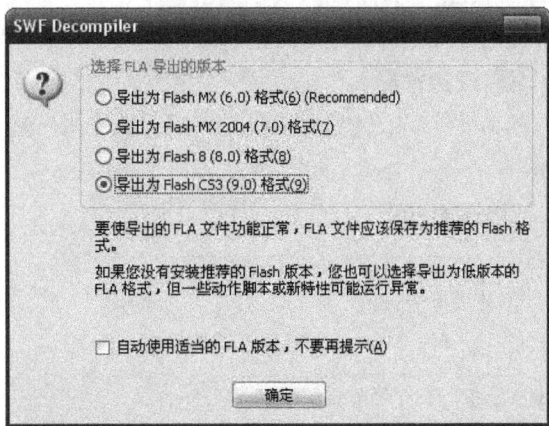

图11-31 导出设置

打开保存文档的文件夹，在其中可见到一个与"贺卡.swf"同名的"贺卡.fla"文件，如图11-32所示。

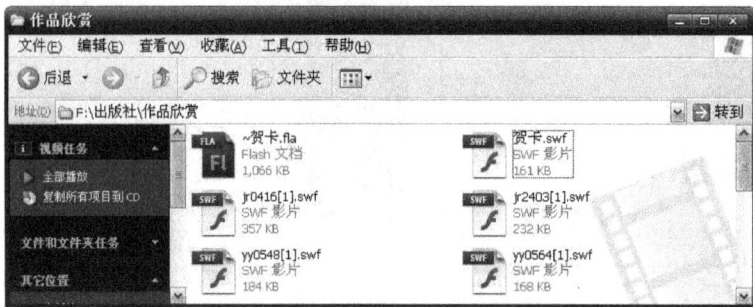

图11-32 查看输出文件

Step **09** 双击名为"贺卡.fla"文件，运行Flash软件，在该软件中有一个名为"贺卡.fla"的源文件被打开，其"时间轴"面板如图11-33所示。

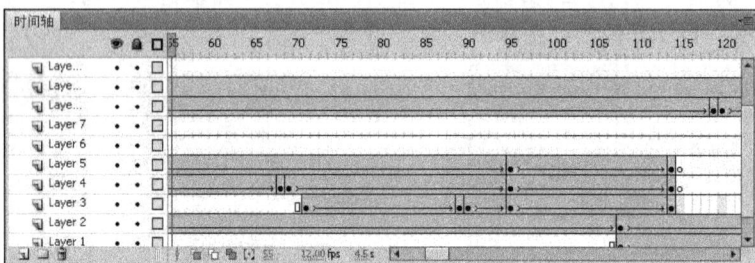

图11-33 被打开文件的"时间轴"面板

> **注　意**
>
> 　　提醒用户，对解析后的动画可以进行学习和研究，不能将动画作品用于商业活动，否则会涉嫌侵权行为。

# 独立实践任务

## 任务三 制作3D文字效果

### 任务背景

　　有时需要为自己制作的视频添加签名，因此本任务为设计一个3D旋转效果的签名，名称为"蝴蝶工作室"。

### 任务要求

　　① 字体使用方正楷体，颜色为红色。

　　② 表面有光泽感。

　　③ 导入Flash软件，并确保能够使用。

------
【技术要领】文本工具的使用；3D旋转。

【解决问题】3D旋转文字的制作。
------

任务分析

主要制作步骤

# 职业技能知识点考核

## 1．多项选择题

（1）运行Swift 3D，旋转球左上方的3个按钮分别是（　　　）、（　　　）和（　　　）。

A．水平锁定　　　　　B．内部锁定　　　　　C．垂直锁定　　　　　D．360°锁定

（2）Sothink SWF Decompiler软件能够将Flash动画中的（　　　）、（　　　）和（　　　）完全分解。

A．矢量图　　　　　B．图层　　　　　C．影片剪辑　　　　　D．文字

## 2．判断题

（1）Swift 3D是专业的矢量3D软件，能够方便地制作出简单三维效果的Flash动画。
（　　　）

（2）Sothink SWF Decompiler闪客精灵是一款能够将SWF文件解析为FLA文件的软件。
（　　　）